真空烹調

第二版

理論實務與案例

程玉潔 著

五南圖書出版公司 印行

　　我第一次接觸真空烹調是在2007年，透過學校典範計畫，邀請保羅波居斯廚藝學院（Institute Paul Bocuse）的Eric Cros老師蒞校進行真空烹調的教學示範。在三天緊湊的課程中，我深深地感受到真空烹調的魅力。隔年，美國廚藝學院第一次開真空烹調的課程，本人透過教學卓越計畫取得學費的補助，飛到美國廚藝學院加州分校，修習1星期的真空烹調課程。上課期間發現到美國廚藝學院的設備使用及操作與保羅伯居斯廚藝學院有所不同。上過二所廚藝學院的課程後，學習並品嚐到不少令人驚豔的真空烹調菜餚，對其可為餐飲界帶來的競爭優勢更是驚訝。但那時對真空烹調仍停於知其然，不知其所以然的階段，對背後的原理也是一片空白。真空烹調這項烹調技藝，在臺灣的廚藝界也僅限於聞其名的階段。身為臺灣廚藝最高學府的教師，自然有這責任與義務將真空烹調這技術帶進臺灣。這也開啟了我想對真空烹調這項技術有全面了解的動機及野心。

　　同年獲得學校的教學卓越計畫經費補助，開始著手進行真空烹調相關的初步研究。後來陸續透過典範計畫、產學案及個人經費的投入，對真空烹調的原理及全面性的應用得以能夠有更深入的了解。期間也和多位學校老師合作，包括周建華、林致信、林秀薰和陳騏文。成功的將真空烹調運用於燒臘、中式菜餚等的製作上，也做過多次的發表會。最後將這六年來研讀到及測試的成果等資料整理成書，期望能為臺灣餐飲業界略盡綿薄之力，同時也在學校新開了這門真空烹調課程。

　　本書特別邀請黃國維主廚協助菜餚的製作。國維從學生時代就一直是我的得力助手，他從保羅伯居斯廚藝學院短期課程結束後，就一直和我一起從事真空烹調的研究，本書中真空烹調在多道菜餚的應用與創新突破，都有賴於國維多次的試驗與堅持，當菜餚達到100分的完美時，國維更思考是否還有超越100分的可能，我想這也是一個好廚師所俱備的要素～不斷突破。

　　本書能夠順利出版，要感謝林秀薰及黃崇博文字用語的協助，讓文章能夠清楚明瞭，也要感謝黃啟勇及莊富蓁出版上的大力相助，以及陳禹君、黃宥愷、藍尼馨、蘇聖峰、王晨樺、林源辰…等多位學生的協助，在此一併感謝。

　　最後感謝我的家人，容忍我鮮少在家陪伴。

　　謹將本書獻給我敬愛的先父，讓我做事可以全心投入，無後顧之憂。

程玉崑

　　程博士玉潔在民國84年本校建校籌備之初即進入學校任職，為高雄餐旅大學創校時期廚藝科的創科主任，並擔任多年的西餐廚藝系系主任，積極推動廚藝教學，凡二十餘載，貢獻良多。其間，培養出許多本校學生成為廚藝界的知名主廚，功不可沒。玉潔老師是一位在廚藝上不斷鑽研的教師，總會把國外最新的廚藝技能帶入到他的教學課程中，讓學生能具備與相同的廚藝水準及國際競爭力，而深受肯定。

　　程博士玉潔《真空烹調》著作的出版，著實令自己感到興奮與期待，這兩年來看到他多場有關真空烹調精研的成果發表會上，對真空烹調運用原理與技術的精湛解說，均得到產官學界廣大的好評與回響。目前，真空烹調已逐漸為全球餐廳與飯店主廚共同採用的重要烹調技術，甚至是打造美味菜餚的核心關鍵技術之一。而玉潔老師在真空烹調的運用及詮釋上，不侷限在西餐領域，也成功導入在傳統中餐裡，而在真空烹調的研發過程中，玉潔老師所展現的不拘泥成規，大膽嘗試以及小心求證的精神，誠令人感動與敬佩。

　　程博士所著作的《真空烹調》一書，包括真空烹調的科學學理、各種食材特性、溫度、人體對美味的生理反應、烹調手法的交互運用、廚房的營運流程、節能減碳、環保等重要議題，其中每一項主題都與真空烹調息息相關。是故，此書不僅是現代廚師必學的技術手冊，也是值得隨身攜帶的烹調參考依據，更是餐廳管理者能一窺美食堂奧之妙的現代經典。

　　環顧目前國內對真空烹調之專業論述尚不多見，而程博士玉潔能藉系統化有效整合其間之理論與實務而出版《真空烹調》一書，定能為日新又新的廚藝產業注入一股嶄新的啟迪力量，嘉惠學子而福澤同儕，故樂為序推薦。

國立高雄餐旅大學　前校長

容繼業

　　我要謝謝玉潔老師邀我寫這篇序言，才有機會先拜讀這本廚藝界中重要的書籍，這是一本我看了又看，每一回都能從書中獲得更多廚藝科學知識的書籍。

　　「真空烹調」這個名詞近十來年，在臺灣廚藝界掀起不退的風潮，吸引學界的關注和業界的學習運用。「真空烹調」需要先充分了解食材的特性，精準地將食物料理至完美狀態，最後在真空包裝袋中，以長時間低溫烹調的方式來加熱烹煮，使食物保持最佳的口感和最好的滋味。

　　玉潔老師是本校最早入校服務的教師，二十年來在西廚系教學服務，在他於2007年接觸由法國保羅伯居斯廚藝學校的教師來高餐進行真空烹調教學示範後，深為此最新技藝所魅惑，往後六、七年間，玉潔老師便全心投入「真空烹調」的科學探究和技術研發，由法國到美國再到日本等國家廚藝學校研習，更將成果整理、發表，進而撰著此書，希望為臺灣的餐飲業和廚藝教育開創另一個新的廚藝領域和科學應用，這樣的用心和努力實在令人欽佩，且在這段歷程中也讓我看到了一位資深的教師不斷學習成長的精神和付出，這是多麼不容易啊！

　　在此我們邀約所有廚藝同好，跟著玉潔老師的腳步，深入「真空烹調」美好的科學世界探索！

國立高雄餐旅大學廚藝學院院長

楊昭景

2016.8.20

第一章　真空烹調法的發展歷史

真空烹調

近代廚藝史上的重要技術創新

　　所謂「真空烹調」就是將食材放入真空包裝袋中，抽真空密封後，再以55～67℃的**低溫來加熱烹煮**食物，所以有時又稱為真空低溫烹調。這看似簡單的烹調方式，卻引發了廚藝界的震撼與創新，經由多位國際級名廚的巧妙運用，真空烹調將菜餚帶入一個全新的境界，被視為是近代廚藝史上重要的技術革新。真空烹調究竟有什麼過人之處？

　　傳統烹調技法講求**火候**。火候拿捏得當，讓平淡無奇的食材，轉化成令人垂涎欲滴的美食佳餚；反之，烹煮過頭讓食物變得乾澀無趣，甚至難以下嚥。「火候」的掌控，往往是廚師專業技能重要的指標之一，但「火候」不像有形的食材可以透過「秤量」來控制，廚師必須從經年累月的工作中累積經驗，才能得心應手的掌控火候。真空烹調講求的是**精準的烹調溫度**，巧妙的解決火候掌控不易的問題，並將廚藝帶進另一個全新的境界。

　　真空烹調不像傳統的烹調方法已累積有百年，甚至千年的歷史；它是近三、四十年來才逐漸發展出的一種全新的烹調方式。因為太新、太陌生，使用上多少會產生一些困惑，甚至令人怯步。但為什麼歐、美、日許多世界知名的餐廳，卻廣泛的運用真空烹調技術，甚至捨去已傳承千百年的傳統烹調技法？答案很簡單：它可以調理出傳統烹調法所無法達到的境界，提升食物的質地及風味，保留更多食物的營養，同時提升廚房的工作效能及菜餚品質的穩定度（Mortenson, 2012）。真空烹調之所以能夠將食物烹煮至最佳狀態，憑藉的是「科學」，而非只是猜測或經驗的判斷。因此若要能充分運用真空烹調法，必須透過科學的解析來**了解食材的特性**，才能精準的將其轉變成完美的菜餚。

▲ 真空烹調的操作

第一節 真空包裝技術運用之起始

　　商業上利用真空包裝技術來保存食物已有一段不算短的歷史。餐飲業界也經常運用此技術作為食材保鮮的方式。真空包裝之所以可以延緩食物腐壞的原因之一，是因為大多數的腐敗菌為**好氧菌**，在有氧氣的狀態下才會生長繁殖。因此藉由抽除食物包裝容器中的空氣，可以抑制好氧菌的生長，如此便可延緩食物的腐壞。此外，氧氣的活性強，除了會使金屬發生氧化反應外，氧氣也會讓一些蔬菜、水果氧化變色，如蘋果、香蕉、酪梨、茄子等。因此將空氣抽除後可以**減少食物發生氧化、變質**的機會，讓商品的保鮮期限得以延長。食品真空包裝另一優點是可以避免食物於運送、販售過程中受到污染，如超市貨架上常見的真空包裝肉品、火腿、咖啡等等。過去數十年，真空包裝技術被進一步運用於烹調上，發展出所謂的真空烹調（Sous-vide cooking）技術。這種新的烹調方式，很快的席捲了餐飲業界，並廣為世界許多的名廚所採用。

▲ 真空包裝，隔絕了氧，減少食物氧化與變質

最早出現以耐熱的塑膠袋來真空密封食物的構想是來自美國太空總署（NASA），因為他們想解決太空人吃的問題。1960年代，美國太空總署要把太空人送至外太空，面臨的問題之一就是「吃」。金屬罐頭太重，不利太空任務，為了達到**減重**的目的，NASA便開始實驗以耐熱包裝袋真空密封食物的可行性。

▲ **食物以真空包裝方式，提供太空人食用**

同一時期，其他國家也有以耐熱包裝袋真空密封食物的相關研究，只不過它們的目的是在找出**更簡便的供餐方式**，研究的對象則是針對非營利機構的餐飲部門。

Nacka	餐飲的製備集中製作、包裝

step1：主食以傳統方式料理
step2：真空密封
step3：滾水煮約3～10分鐘殺菌
step4：冷藏

▲ Nacka供餐系統

1960年代初，瑞士的二家醫院與史塔赫市的市議會合作發展出一套Nacka供餐系統。其概念是以**中央工廠的**方式集中製備餐食，真空包裝後，配送到該市各個醫院。餐食的部份是以傳統方式烹調，食物煮熟後，趁熱將其真空密封，再放入滾水中煮約3～10分鐘殺菌，然後冷藏、配送到各個醫院，供膳前再將真空包裝袋加熱回溫，病患及受測者皆認為食物品質比起以前有少許的改善。

1960年代後期，美國南卡羅萊納州的Anderson、Greenville、Spartanburg三個郡的三家醫院與Cryovac塑膠膜工廠共同合作，研究如何透過真空包裝改善中央工廠生產醫院伙食之品質。此計畫的負責人Ambrose T. McGuckian，他認為瑞士Nacka的供餐系統非常便利且經濟實惠，但食物的品質差強人意，因此改以生鮮的食材密封後加熱煮熟，藉由**精準的溫度**及**時間**控制，讓食物的品質獲得大幅度的改善，不過這個方法最後並沒有被醫院採用。

第二節 低溫烹調及真空烹調的出現

70年代期間，真空烹調技術在歐洲各地也曾零星的出現。真空烹調在商業上的運用，最早見於1972年法國火腿的製作上，只不過當時法國的食品法規明訂，餐廳不可以供應保存期限超過六天以上的冷藏食物，所以真空烹調的技術並沒有引起太多的注意。

真空烹調能夠真正的發展，歸功於法國廚師George Pralus及一位熱愛美食的生化學家Bruno Goussault，他們二位在真空烹調的發展史上享有同樣的地位。1972年，Goussault受僱於一家叫Sepial的食品公司，他接受一家連鎖速食餐廳老闆Jacque Borel的請託，希望能找出一種烹調方法，可以將一塊價格低廉、肉質堅硬的牛肉煮得**柔嫩多汁**。因為傳統的料理方式往往只會讓肉變得乾澀，所以Goussault改將肉塊真空包裝後，在烤箱中以**水浴的方式**加熱（水溫維持在60℃左右）。他發現以這種烹調方式，讓肉塊**長時間加熱**後，肉質變得柔嫩多汁。

Goussault也曾在瑞士的醫院內做一些真空包裝的食物，在醫院使用的是85℃來加熱烹煮食物並殺菌。他進行了**高溫與低溫加熱的比較**，並在1974年Institut International du Froid in Strasbourg的會議上提出**低溫烹調的優點**。在當時，真空包裝食物都是以沸水或接近沸水的高溫來加熱烹煮，以達到延長食物保存期限的目的，因此Goussault這次的發表引起大家的關注。

1974年法國廚師George Pralus，嘗試以數層的**耐熱保鮮膜來包裹**鵝肝，以期能保存鵝肝的風味及油脂。

經過多次的實驗，Pralus發現若以熱水（而非沸水）加熱烹煮，便可有效減少鵝肝油脂流失，與傳統的料理方式比起來，低溫的烹調方式可有效**減少5～40％**鵝肝**油脂的流失**，同時讓鵝肝的**口感**明顯獲得**改善**。這個發現開啟了真空烹調技術進入高級餐廳之門，也讓Pralus與Cryovac公司有合作的機會，最後研製出多層膜的**耐熱塑膠袋**，讓原本單純作為保存食物的真空包裝出現全新的運用。

▲ George Pralus
圖片來源：https://mistrzowie.gastrona.pl/

第三節 真空烹調技術於餐飲界的發展

1979年，Pralus與Cryovac公司共同成立了廚藝學校，在歐洲及日本等地，教導廚師們如何將真空烹調技術**運用於廚房的營運**上。

1981年，Cryovac公司聘請Goussault協助規劃真空烹調的**課程**，以期能有系統的來教授真空烹調技術，Goussault和Pralus二人便積極的投入與真空烹調相關的**研究**及**教育**工作。

1982年，法國新菜運動評論家Henri Gault找上當時被認為是巴黎最知名的主廚Joël Robuchon，希望能在火車上供應他開發的米其林三星菜餚，Robuchon同意參與此一計畫，但唯一的要求就是要能夠確保火車上的餐食能夠與他的餐廳有相同的品質。Gault邀請Robuchon負責食譜的開發，Goussault則擔任技術顧問，Goussault和Robuchon的廚師們測量並記錄餐廳菜餚的**中心溫度**等數據，作為**控管菜餚品質**的主要標準。經過二年多的努力，Robuchon餐廳的菜餚終於在1985年登上火車，Robuchon供應於火車上的菜餚，所用的加熱溫度是介於54～68°C，Robuchon餐廳成功的運用真空烹調技術後，解開許多法國廚師對真空烹調技術的質疑，這種將食物密封於真空包裝袋中加熱的烹調技術，已經被證明能夠料理出**超越傳統烹調**技術的美食佳餚。

隨後Goussault和Pralus持續投入真空烹調的研究及教育工作，教導許多世界頂尖名廚真空烹調技術的運用。Pralus教導過Paul Bocuse、Alain Ducasse及Michel Bras.等人，Goussault則教導過Thomas Keller、Michel Richard、Joel Robuchon及Wylie Dufresne等人，這些大師級的名廚把真空烹調技術帶進頂尖廚藝的舞臺。

▲ Joël Robuchon
圖片來源：
https://mistrzowie.gastrona.pl/

▲ 真空烹調登上世界舞台

1987年，Goussault指導一名來自食品製造業家族第七代的學生Stanislas Vilgrain，Vilgrain發現真空烹調的技術可以運用在自家的食品工廠，於是他邀請Goussault幫助他擴張公司的事業，並將公司改名為Cuisine Solutions，真空烹調技術也被導入食品加工業。

1989年，Goussault成為該公司的顧問，最後升任該公司的科技顧問，這家公司所生產的冷凍食品，供應給美國陸軍、好市多、TGI Fridays等單位。

Bruno Goussault　Stanislas Vilgrain

⚠ 真空烹調失敗的例子

真空烹調技術的發展歷史也出現過失敗的例子。法國的知名的廚師Albert Roux與W.R.Grace公司合作，於1983年在法國南部設立食品工廠，以真空烹調技術生產低成本的餐食，供應給法國國家鐵路。1980年代末，Roux還把真空烹調技術帶進英國的餐飲業，開設類似快餐的連鎖餐廳Roul Britannia，他的理念簡單來說就是運用真空烹調技術，讓消費者可以經濟實惠的價格享受高品質的餐食。他的作法是聘用技術好的廚師，以真空烹調技術在中央廚房中生產餐食，降溫冷藏後，配送到英國的各個分店，再由低階的廚師負責加熱並完成盛盤。Roul Britannia連鎖餐廳系統於90年代關門，其關門的最主要原因是因為消費者無法接受進到餐廳，卻吃到由中央工廠製作，到店內重新再加熱的餐食。

第四節 真空烹調技術的運用及發展

從真空烹調的發展史來看，早年的技術發展主要是為了非營利機構中的餐飲部門，以降低生產成本並提升菜餚的品質為出發點，但隨著一些名廚將真空烹調技術帶進米其林餐廳的廚房。加上Pralus和Goussault二人的大力推廣及教育，真空烹調得以迅速的發展，並成為重要的主流烹調技術之一，幾乎全世界的各大高級餐廳都會運用到此一技術。

不同於歐洲，真空烹調在美國的發展相對緩慢許多，甚至一直到了90年代初期，美國仍然將真空烹調視為是工廠生產的廉價加工食品，不願將其運用在餐廳或旅館的廚房中，不過近十多年來在Thomas Keller等美國多位名廚的帶領下，真空烹調迅速的發展，其風潮正席捲全美國。

真空烹調的運用性相當廣泛，此項技術的發展可區分成二大方向趨勢：

1 中央工廠式的大量生產

- 食品公司採用，以大規模量產真空烹調的商品並冷凍儲藏
- 生產製作依循HACCP準則，商品有較長的保鮮期，便於運送
- 主要供應給航空公司、火車、遊輪、宴會廳、軍隊等

2 餐廳小規模的製作

- 運用在高級餐廳的餐食製作
- 營運更加順暢、品質更為穩定

第二章　何謂真空烹調法

　　sous-vide這個名詞是法文，直譯成英文就是under vacumn，中文為為**抽真空**的意思，因此只要在製備或烹調上有用到真空包裝機，皆屬真空包裝(sous-vide)烹調的範疇。真空烹調技術在餐廳營運上，通常是將食物放進塑膠的真空包裝袋中，以真空包裝機抽真空密封（如下圖），然後再將其儲藏、加熱烹調等方式處理。

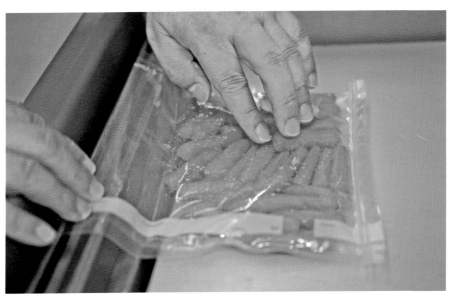

▲ 以真空包裝機抽真空密封

　　傳統的烹調方法已累積有百年，甚至千年的歷史，自然發展出許多操作上的經驗法則。真空烹調法則是近三、四十年來才逐漸發展出的一種烹調方式，歷史雖短，卻廣泛的為許多的米其林餐廳所採用，這些米其林餐廳的名廚們發覺，**低溫長時間的加熱**可以讓肉類有著非常獨特的質地，這是傳統烹調法所無法達到的境界及效果，同時真空烹調法也**提升廚房工作的效能**及**菜餚品質的穩定性**，因此被視為是一種革命性的全新烹調技巧，風潮席捲全球，然而真空烹調法主要是以低溫的方式加熱烹煮，因此讓許多人對真空烹調及低溫烹調之間的差異產生困惑甚至混淆，因此本章節將就傳統烹調法、低溫烹調法及真空烹調法之間的差異做說明。

第一節 真空烹調講求精準的溫度控制

傳統、低溫與真空烹調之差異

　　所謂的低溫烹調指的是以**低的溫度**來加熱料理食物，而非只指食物的中心溫度是低的。操作上，低溫烹調與傳統烹調是有相當的差異，以烹煮中心溫度約為55℃的三分熟牛排為例說明。

傳統烹調

　　爐烤、煎炒、燒烤等方式加熱烹煮，直到牛排的中心溫度達到約55℃，然而這些烹調方式其加熱溫度往往高達180℃以上，遠高於牛排所欲達到的55℃，所以當牛排的中心達到55℃時，其外層的溫度遠高55℃，整塊牛排會呈現出多種不同的熟度，其熟度由外而內，從全熟、七分熟、五分熟到中心的三分熟，越往中心點肉就越生。

低溫烹調

　　是以55℃或略高於55℃的溫度來加熱，直到牛排的中心達55℃。最後整塊牛排從外到內都是均勻的三分熟。

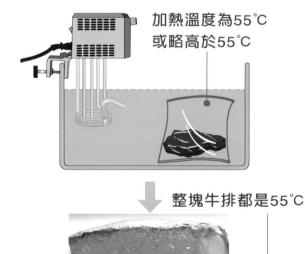

加熱溫度為55℃
或略高於55℃

整塊牛排都是55℃

真空烹調的三分熟牛排

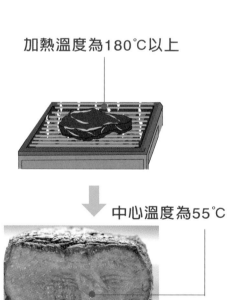

加熱溫度為180℃以上

中心溫度為55℃

傳統烹調的三分熟牛排

當我們將食物放入真空包裝袋中，**抽真空**密封後，以**低溫加熱**烹煮食物，就是所謂的真空烹調。

真空烹調 → 舊技術新運用

　　雖然真空烹調被視為是一種全新的烹調技術，實際上，它是將二種行之有年的舊技術結合，然後給予全新的運用：

真空包裝
(50年歷史)

＋

水浴法
(中世紀歐洲)

⇒

真空烹調

　　結合二種舊技術，給予全新的運用，創造出近代廚藝史上重大的技術革新，它被賦予了一個全新的名稱：sous-vide cooking，就是所謂的真空烹調。

包括二個基本步驟：

1 　　將食物放進塑膠的包裝袋中，以真空包裝機抽真空密封。隔離了空氣及一切可能的污染，讓加熱烹調的操作簡便許多。

2 　　包裝好的食物放進熱水中，通常是以熱水循環機來加熱。除了可恆溫加熱外，還藉由水循環馬達來讓熱水流動，加速熱能的傳遞。所設定的水溫就是該食物所欲達到的中心溫度。

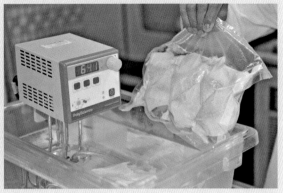

真空烹調～傳統烹調離火時間的極限突破

　　以傳統烹調方式來料理食物，經常必須要等鍋子、油等熱了之後，才能開始烹調食物。至於什麼時間點該離火起鍋，則有賴於廚師的豐富經驗來判定。因此烹調過程中，廚師時時都得留神注意菜餚的變化。同時菜餚加熱烹煮所需的時間，雖然講的是某道菜需要花多少時間來烹煮，然而真正的重點是「加熱多久之後就必須即刻停止加熱烹調的動作」。這是因為傳統料理方式所用的加熱溫度，往往遠高於我們所期望食物所需達到的溫度（或熟度）。

　　例如要烹調出五分熟的菲力牛排（中心溫度約達60℃），廚師多半會以煎、烤、碳烤等方式來烹調，所用的溫度往往高於200℃。這意味著當牛肉烹煮時，其中心部位快達到60℃，就必須即刻的將牛肉離火，稍有延遲往往就容易有過熟的現象，但太早離火，肉塊的熟度又不足。此時廚師也必須考量牛排的餘熱現象（carryover cooking）。當食物離火後，中心溫度仍會持續升高數度，直到整塊牛肉溫度接近一致。這是一種熱平衡的自然現象，因此傳統的烹調方式，廚師的經驗往往對菜餚品質有關鍵性的影響。

▲ 傳統烹調，廚師需留意火候、時間及餘熱現象

　　相較之下真空烹調在菜餚的製作上簡單許多，因為食物的中心部份達到所設定的溫度後，持續的加熱其溫度不會繼續升高，因此對品質不會有明顯的影響，所以沒有即刻取出的迫切性。（Blumenthal, 2008; Keller, Benno,Lee, &Rouxel, 2008; Mortensen et al, 2012； Myhrvold, Young,& Bilet, 2011; Roca & Brugues, 2010）。這也就是說真空烹調幾乎不會有食物熟過頭的問題，操作上不需仰賴廚師來判定食物是否達到所要的熟度，大幅減輕對廚師經驗的依賴。更重要的是真空烹調的精髓是以精準的低溫來烹煮食物，不多不少，正好足以將食物烹煮至廚師所期待的最佳狀態或熟度。

　　真空烹調的三個基本操作準則，讓真空烹調火候的掌控簡易許多：

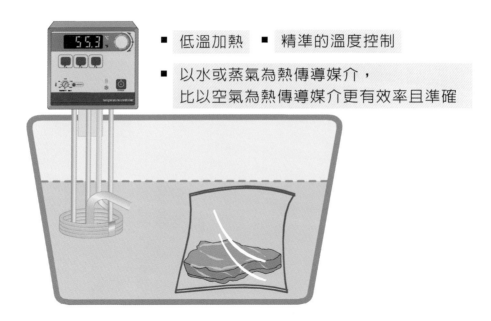

- 低溫加熱　■ 精準的溫度控制
- 以水或蒸氣為熱傳導媒介，比以空氣為熱傳導媒介更有效率且準確

　　雖然真空烹調和傳統烹調方式一樣，講求的也是溫度和時間：在某一溫度下，需烹煮多久，但二者實質上卻有很大的差異。真空烹調所講的溫度是**食物理想或最佳的中心溫度**，傳統烹調講的則是火候或火力的大小；時間上，真空烹調講的是食物要達**最佳狀態或是達到殺菌所需的時間**，傳統烹調則是離火的時間點。

Q 真空烹調一定要抽真空密封嗎？

　　真空烹調的抽真空密封，嚴格說起來只是**處於低氧狀態**，並非是絕對必要的步驟，但對那些容易氧化變色或變質的食物，抽除氧氣就有實質的助益。就肉類而言，真空包裝與否，對烹煮後肉塊的品質（質地、多汁口感、水份流失等）幾乎沒有任何的影響。

　　就像早年美國知名品牌Alto-Shaam的烤箱，其賣點是：廚師可於下班前將牛肉放進烤箱中，設定好於隔天中午烤好；而且強調可持續保溫2～3小時，不會影響到肉的品質，肉塊的耗損也低於傳統烤箱烤出來的牛肉，因此售價昂貴。早年國內僅有少數五星級飯店有購買這部烤箱，當年覺得很神奇，但現在看起來，就是低溫烹調的烤箱。食材並沒有真空密封，一樣有相當不錯的效果。

　　另一個例子就是，美國名廚Thomas Keller所創的一道知名菜餚：奶油龍蝦。製作上是將一鍋融化的奶油隔水以恆溫加熱，然後將汆燙去殼的生鮮龍蝦放進奶油中以低溫煮熟，因為龍蝦通常是現點現做，同時煮好的龍蝦並不適合長時間的存放，所以真空包裝對這道菜就沒有實質上的幫助，操作上反而多了道程序。

　　不論是真空烹調或是低溫烹調，二者之所以能夠達到傳統烹調所無法達到的境界，是**在於精準的恆溫加熱**，而非在有無真空包裝。但不可否認的，真空包裝會為餐廳的營運帶來許多優勢。食物真空密封後直接加熱烹煮，除了便於操作外，加熱過程中水份、風味也不會流失或改變，食物煮熟後可直接貯藏於真空包裝袋中，不會有二次污染的情形，加上食物處於低氧狀態，好氧的腐敗菌之生長被抑制，食物的**保存期限**因而得以**延長**。

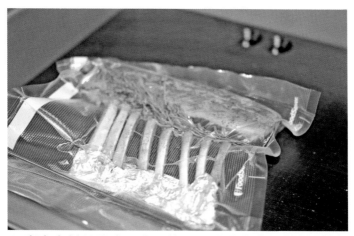

▲ 真空密封可防止二次污染，並使食物處於低氧狀態

第二節 真空烹調的優缺點

藉由低溫及精準的溫度控制，讓真空烹調法可以做到許多傳統烹調上無法達到的境界，其優點如下：

成品熟度精準穩定均勻

廚師希望食物達到什麼熟度或溫度，就以該溫度或略高的溫度來加熱，最後食物裡外皆能夠均勻的達到所設定的溫度，只要溫度設定不變，每一次的結果皆會相同。

簡單不需猜測

以設定恆溫加熱機器的時間與溫度來達到所要的熟度或質地，不需仰賴廚師的感官或經驗，所以真空烹調簡單直接、也不神祕。

烹煮完成可持續恆溫加熱保溫，不需即刻從熱水取出

真空烹調的食物，達到所設定的溫度後，持續的放置於熱水中，品質不會有明顯的改變。除非是時間過長，才會造成風味或外觀色澤上的改變。豬臉頰於60℃的熱水中，煮5小時及12小時，豬肉的品質並沒有明顯的差異。牛嫩肩肉於58℃的熱水中加熱12小時及24小時，外觀上並沒有明顯差異。36小時只是肉色略淡（如下圖）。

▲ 58℃，加熱12小時　　▲ 58℃，加熱24小時　　▲ 58℃，加熱36小時

軟化肉質，不會使肌纖維過度變性

　　這種效果以燉煮肉質堅硬的肉塊最為明顯，以低溫烹調方式烹煮，我們會以58℃～67℃左右的溫度長時間加熱烹調，肉塊可以完全的軟化，同時不會造成膠原蛋白的過度收縮，所以肉塊仍保有大部份的汁液。低溫加熱也可減緩肌纖維變性，肉質乾澀的現象可減緩許多。

▲ 將燉肉蓋上鋁箔，放進58℃的烤箱，48小時

肉塊汁液流失量小、損耗較少

　　傳統的烹調通常以高溫來加熱烹煮肉塊，高溫會造成膠原蛋白的過度收縮，造成大量汁液的流失，低溫加熱減緩膠原蛋白的收縮，肉塊的汁液流失情形將減少。

　　例如：以200℃的高溫烤牛肉15分鐘，汁液的流失達31%。同樣的牛肉若改以真空烹調法，放入60℃的熱水中60分鐘，其汁液的流失只有19%。

同樣的牛肉	傳統烹調	真空烹調
溫度與時間	200℃，15分鐘	60℃熱水，60分鐘
汁液流失	31%	19%

新的質地及口感

真空烹調可以料理出傳統烹調法所無法達到的一些特殊口感及質地。典型的例子包括有：

蛋黃

以65℃的熱水來加熱帶殼水煮蛋，蛋黃不凝結，也不流動。口感相當的綿密滑順。但若以64℃熱水加熱，蛋黃呈液體狀。如此藉由精準的溫度調控，來改變食物的口感，這是傳統烹調法無法做到的。

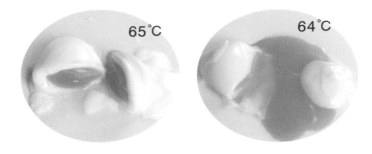

鮭魚

以55℃的溫度烹煮魚肉，可以讓鮭魚肉柔軟到入口即化。

富含結締組織的肉

烹煮的溫度低到不致使肌纖維過度凝結而變硬或乾澀；但溫度要高到足以讓結締組織水解讓肉塊軟化，因此只要燉煮的時間夠長，富含結締組織的肉可烹煮至入口即化的口感，但仍保有五分熟漂亮的粉紅色。

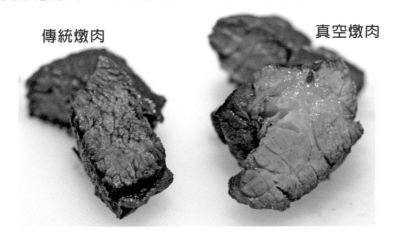

蔬果類汁液不流失、不氧化變色

非綠色蔬菜，如胡蘿蔔，風味不會流失，且煮熟後質地柔軟卻不會散開。蘋果之類容易發生褐變的水果也不會有氧化的現象，煮熟後仍可保有鮮明的色澤。

▲ 真空烹調蔬果類汁液不流失、不氧化變色

蔬菜之色素不流失

富含水溶性花青素（anthocyanins）的紅紫色蔬菜，如紫高麗菜、紫馬鈴薯等。真空包裝可以隔離水，不會有色素流失的問題。

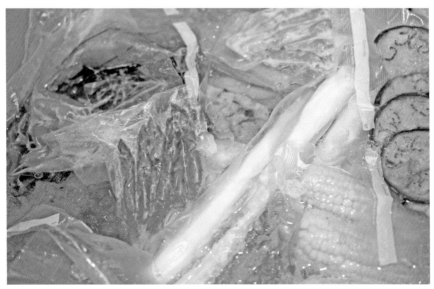

▲ 真空烹調蔬菜之色素不流失

真空烹調固然有許多的優點，但難免還是有一些缺點。不過廚師只要運用巧思及技巧，就可以將其負面的影響降至最小，真空烹調的缺點包括有：

食物表面不會褐化或梅納反應

要讓食物的表面酥脆或褐化，所需溫度遠高於100℃，真空烹調的加熱溫度較低，並不足以讓食物表面褐化。

熱度均勻一致

低溫烹調讓整塊肉有著均勻的質地，這是優點，但有些人卻認為整塊肉只有一種口感，缺少趣味性，所以也是項缺點。

對習慣有多層次熟度口感的人而言，只有一種熟度口感是有些無趣，因此廚師可以在菜餚完成的最後階段，略降低溫度且拉長上色加熱的時間，使肉塊外層略微加熱過頭，以便產生不同熟度的口感，減少單一口感的感受。

解決方法

低溫烹調前或後，以高溫迅速的將食物表面煎**上色**。

解決方法

將骨頭或修整下來的肉碎、調味蔬菜等，以**煎炒**、**爐烤**等方式將其**上色**，再與肉塊混合放入真空包裝袋中加熱烹煮，煮的過程中，**焦香味**自然會滲入肉塊或食物中。

解決方法

爐烤肉或骨頭滴出的**油脂**，同樣的也能用來賦予低溫烹調肉塊所缺少的焦香味。

▲ 煎炒調味過的蔬菜一起入袋中增加焦香味

第三節 真空烹調法在營養上的優點

　　傳統烹調法造成食物營養份的流失，其主要原因有三：**高溫**、**氧氣**和加入的**水**。真空烹調可以有效的減少此三者的負面影響，因為真空烹調法是將食物密封於塑膠袋中並抽除其中的空氣，然後再以精準的低溫加熱烹煮。真空包裝袋封住食物的風味及水份，大幅減少營養份的流失，食物的自然美味可以完全保留下來。同時所添加的辛香調味料或是鹽也幾乎不會流失，因此辛香調味料、鹽等之使用量也必須減少，水溶性維生素或礦物質的流失量同樣的也會減少許多，因此真空烹調法被認為是一種健康的烹調方式。

傳統烹調法，食材營養流失原因：
- 高溫
- 氧氣
- 水

真空烹調法，食材營養保留原因：
- 低溫
- 低氧
- 與水隔絕

　　真空烹調法於加熱烹煮的過程中，並不會接觸到高溫爐火，因此並不會有食物沾黏的問題，所以並不需要額外添加油脂，加入到真空包裝袋中的油脂，只需達到增進口感及風味的目的即可，由於真空包裝袋隔離了空氣，油脂氧化的現象也大幅降低，如此可確保不飽合脂肪酸的品質。

　　歐美日等國家中，採用真空烹調的餐廳，通常對食材品質的要求很高，菜餚強調的是新鮮的口感、質地及風味，又最能保存食物營養價值。

第四節 真空烹調於廚房營運上的優勢

　　真空烹調法對餐飲業者的另一優勢就是能夠**提升餐廳營運的效率**，一般而言，餐廳營運上的瓶頸之一就是供膳的時間有限，吃飯時間一到，餐廳會同時湧入大量的客人，往往讓廚房忙到人仰馬翻，有時還會影響到餐食的品質，真空烹調法是將部份出菜時的烹煮工作，轉移成廚房前製備的一部份。

　　作法上是將餐食預先一份一份的製備並烹煮完成，然後直接於真空包裝袋中**冷藏保存**，到供膳的時候，就只剩下短暫的最終加熱、上色、盛盤之類的工作，因此真空烹調法可減輕廚房出菜時的負荷，讓廚房的營運更順暢，提升餐廳的競爭優勢，然而使用真空烹調技術的廚房，會有較長的前置作業時間。

真空烹調於廚房營運上的優勢可歸納如下：

- 食材經前製備後，可以一份一份的包裝好，有效減少食材的浪費。

- 廚師可以事先將食物調理、迅速冷卻、儲藏，出菜前取出、加熱並完成最後的調味及盤飾等，縮短出菜所需的時間，同時確保菜餚品質穩定一致。

- 可減少爐檯及烤箱的使用，因為許多食物是在熱水循環機中加熱烹煮，對那些擁擠、忙碌、空間有限的廚房，真空烹調有助於疏解營運上的壓力。

- 節能減碳，減少烤箱及爐火的使用，減少能源的浪費。

- 減少爐火的使用，可有效為廚房降溫。

- 有助於節省廚房人力，廚師不需要將時間在花看顧爐火上，這些時間可以用來做其他的工作。

- 真空包裝的食物，保存上乾淨衛生，可以排列堆疊，節省儲藏空間。

- 真空烹調完成的食物，可直接保存於包裝袋中，有效隔離空氣，減少食物氧化現象，同時也隔離外在的污染，大幅提升食物的保存期限。

第五節 真空包裝在烹調以外的運用

真空包裝在烹調以外，還具有以下的用途：

| 儲存 | 真空密封可防止食物的水份喪失，儲藏於冷凍庫中不會有凍傷的情形，使用真空包裝也可防止食材接觸氧氣而氧化變色。 |

| 防止污染 | 食物經真空密封加熱烹煮後，並直接將食物儲存其中，可避免食物發生再污染，如空氣中的細菌、廚師的手、砧板等，延緩食物的腐敗。 |

| 井然有序 | 利用真空包裝來烹調及儲存食物，除了整潔衛生外，可以很容易的將食物井然有序的分類、儲藏，同時還有助於維持食物的外形。 |

| 醃泡 | 食物以真空包裝方式醃漬，比塑膠容器節省許多空間，密封的包裝也可以避免醃漬汁液濺出，同時有助於醃泡液均勻的散布在食物的四周。 |

▲ 以真空包裝方式來保存食物已有相當的歷史

第三章　真空烹調之相關設備介紹

第一節 真空包裝機

　　真空包裝機的類型很多，餐飲業最常見的機型是上層為密封不透氣、具透明蓋子的真空槽，抽真空時真空槽中的空氣是以真空泵浦抽出排掉，再以**熱熔**的方式將真空包裝袋密封。

真空包裝機
Vacuum Packaging Machine

　　食物該抽真空的程度，會受到**食物的質地**、是否有**尖硬的部份**等而有不同考量。而加熱封口時間是由**包裝袋的厚度**來決定。

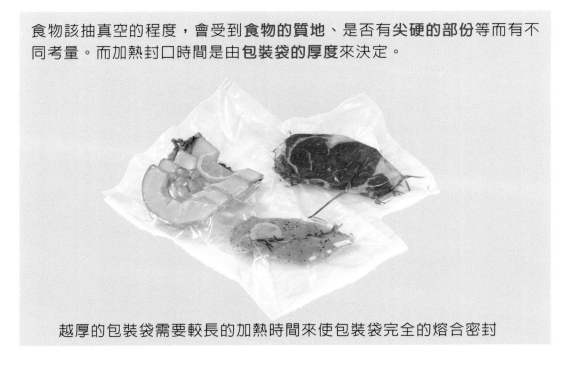

越厚的包裝袋需要較長的加熱時間來使包裝袋完全的熔合密封

第二節 真空烹調恆溫加熱裝置

　　真空烹調最重要的關鍵就是**精準恆溫加熱**，抽真空與否，反而不是必要的步驟。

　　加熱設備溫度的精準與否，取決於反饋迴路的設計，它是一種溫度的感測裝置，放置於加熱的介質如水或蒸氣中，並與加熱裝置相連。

真空烹調最常見的恆溫加熱設備

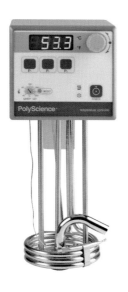

熱水循環機

熱水循環機早年主要是用於實驗室中，到了八、九十年代才逐漸的被運用於真空烹調上，基本上它是一種電熱器，配上水循環馬達及精準的溫度計，讓熱水能**保持穩定且準確的溫度**。價位中等，是真空烹調最常見的恆溫加熱設備。

萬能蒸烤箱

價位高、安裝的複雜度高。其最大的優勢是容量大，溼度可調整，也可蒸煮，甚至於可設定一些複雜的程式。

第三節 電子溫度計

　　精準的溫度控制是真空烹調的關鍵，不僅會影響食物的品質，有時還會引發食物安全衛生上的問題，水循環機使用一段時間後，溫度多少會有些誤差，因此必須仰賴溫度計來給予適度的調校。

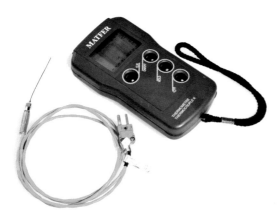

電子溫度計
低溫烹調或真空烹調所用的溫度計，探針部份必須為**細長針頭**，以利刺入真空包裝袋及食物中來量測其溫度。

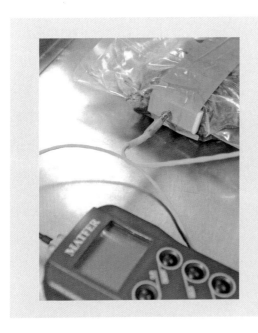

探針要刺入包裝袋前，必須要在真空包裝袋上貼上**高密度泡綿**，以避免發生失真空的情形。

※ 探針通常會選用 **K 型式**的插孔

第四節 急速冷凍

　　真空烹調的食物加熱完成後，通常都會讓食物迅速的冷卻，因為冰箱的設計是用來儲藏冰冷的食物，而非迅速降溫之用，冰箱中降溫的效能較差，食物在降溫過程，無法迅速的通過**危險溫度**的範圍，引發食物中毒的風險會提高。

急速冷凍機

為了**快速的通過危險溫度範圍**，可以急速冷凍機來降溫（價位偏高）。

▲ 以冰水浴法來冷卻，就可以有相當不錯的效果

第四章　真空烹調的衛生與安全

　　生鮮的食物上免不了都會有細菌在上面生長，包括有腐敗菌、益菌、致病菌等，其中大部份都是不會導致食物中毒的腐敗菌及益菌。例如鮮奶或優格中，雖含有相當多量的腐敗菌及益菌，但把它們吃下肚並不會讓您生病，但若其中存在有少部份的致病菌，只要吃進的數量足夠，便會引發食物中毒，而致病菌往往不會導致食物的腐壞，這讓我們看不出、吃不出、聞不出手上的食物究竟是否會引發中毒，真空烹調將食物放進真空包裝袋中密封，通常以**低溫**來加熱烹煮，要如何能確認真空烹調食物的安全性？

　　就法規面而言，餐飲業者必須要使用已知且合理的製備方式，來將食物中的致病菌降至安全範圍，以確保食用之安全。傳統上食物是藉由**高溫加熱烹煮**，將食物中的細菌數降至安全的範圍，真空烹調則是將食物以真空包裝袋真空密封後，以水浴法來恆溫加熱，其加熱溫度經常是介於55～67℃，如此所烹煮出來的食物給人一種半生不熟、甚至於不安全的感覺，然而真空烹調技術已經被廣泛的使用超過三十年的歷史，期間雖曾引發關注，但迄今尚未出現引發食物中毒的案例。

　　本章節將探討低溫／真空烹調如何能夠達到殺菌的效果，確保食用上的安全，同時也將探討食物的**殺菌溫度**、**中心溫度**及**危險溫度**等，食品衛生教科書所強調的安全衛生觀念，因為它們多少對真空烹調操作的安全性造成一定程度的困擾，最後會介紹與真空烹調相關的致病菌，了解它們可能的危害。

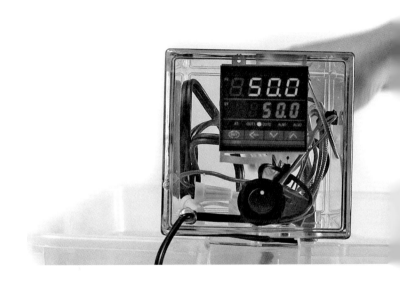

第一節 真空烹調安全性的疑慮

　　從食品安全衛生的角度來看，真空烹調法與傳統的烹調方式所面臨的衛生問題有所不同，習慣上，我們經常會藉由**嗅覺**來判定食物是否新鮮或變質，但真空包裝的食物完全聞不到食物的香氣或臭味，自然無法依賴嗅覺來判定食物的狀況。將食物真空密封於塑膠袋中，至多只能抑制**好氧**的腐敗菌生長，來延長食物的保鮮期，但無法抑制**厭氧菌**的生長，無氧狀態反而讓它們得到競爭優勢。

　　真空烹調的食物，在二方面容易讓人引發疑慮：

1 真空包裝袋的安全性

　　看到真空烹調的食物，消費者的第一個反應經常是食物放進塑膠袋中加熱安全嗎？塑膠袋受熱不是會釋放出毒素嗎？

　　衛生單位經常告誡消費者，塑膠類製品受熱後會釋放出單體(monomers)、低聚體(oligomers)等危害人體的物質，塑膠中經常還會加入滑順用的添加物，受熱也容易釋出，對人體也會造成危害。

看懂塑膠製品

聚苯乙烯 PVC polyvinyl chroride	常用在便宜的包裝膜、保鮮膜等，含有危害人體健康的塑化劑，會溶出進入到含油脂的食物中，特別是高溫時，塑化劑溶出的問題更為嚴重。
聚碳酸酯 PC polycarbonate	專業西餐廚房中常見的透明硬質塑膠容器，目前仍被歸為食品級的材質，其中所含的雙酚甲烷A(Bisphenol-A, BPA)，也會滲出到食物或飲料中，擾亂人體荷爾蒙。
聚乙烯類 PE polyethylene 聚丙烯 PP polypropylene	食品級的塑膠類製品，包括高密度聚丙烯、低密度聚丙烯及聚丙烯。所有合格的**真空包裝袋**、食品級的保鮮盒及標示可微波的耐熱保鮮膜，皆屬這類材質。這些食品級的包裝材質，雖然不會釋放雙酚甲烷A，但還是有可能會釋放出極微量的雌激素樣化合物。

真空烹調**加熱的溫度低**，雌激素樣化合物於烹煮過程釋出的問題並沒有想像中嚴重，根據加拿大BC省衛生局引述Dr. Kirchnaway的研究指出，聚乙烯類(PE)或聚丙烯(PP)的材質的真空袋，以60℃加熱10天，只有不到10%的樣本，可以測到微量的雌激素樣化合物，這也就是說以合格的真空包裝袋來包裝加熱食物，有礙健康的風險極低。

2 低溫加熱

真空烹調的操作，通常是以**低溫加熱**的方式來烹煮食物，因此至多只能殺死具生長繁殖能力的菌體，並無法殺死部份細菌所產生的耐熱孢子，此外真空烹調的食物，通常也不會添加任何的防腐劑，所以無法抑止細菌的生長，因而真空烹調方式所烹煮出來的食物，很容易讓人產生安全上的疑慮。

然而真空烹調這項烹調技術，從1970年代開始，便為一些世界知名的廚師所廣泛的採用，這種低溫的加熱方式，可以讓菜餚的品質達到傳統烹調法所無法達到的境界，因此受到老饕們的歡迎，很快的被許多歐洲及日本世界級的名廚所廣泛採用。真空烹調的發展迄今已經超過四十年，期間它的安全性也曾引起衛生單位的關注，美國紐約市衛生局曾下令禁止餐廳使用真空烹調法來烹煮食物，原因是食物的中心溫度必須達到58℃以上才能確保安全，英國知名的肥鴨餐廳，營運上也大量的運用低溫／真空烹調技術，2011年肥鴨餐廳爆發大規模的食物中毒，經調查後原因是員工感染諾克病毒所引起，並非是低溫／真空烹調菜餚的問題。

▲ 以食品級真空包裝袋低溫烹調，並無安全上的疑慮

第二節 傳統烹調法與真空烹調法的殺菌方式

自古人們就習慣以加熱烹煮的方式來殺死食物中的致病菌，食物經加熱烹煮，可以破壞食物中會導致腐敗的酵素，所以加熱烹調食物，除了可以讓食物吃起來更加安全可口外，也有利於食物的保存。

低溫／真空烹調也是一種食物的烹調方式，同樣也可以達到殺菌的效果，但是操作方式及觀念上，與傳統烹調方式是有相當的差異。

烹調法	殺菌方式
傳統烹調法	以**高溫**來加熱烹煮食物，當食物煮熟時，其所達到的溫度通常是可以在瞬間或極短的時間內便可以將致病菌殺死。
真空烹調法	藉由精準的溫度控制來讓食物達到最佳的熟度，常見加熱的溫度是介於55～67℃，這種低溫往往無法於短時間內將細菌殺死，因此操作上必須仰賴**長時間的恆溫加熱**來達到殺菌的目的。

細菌的成長特性

細菌在合適的環境下會快速的生長繁殖，每一種細菌都有其生長繁殖的溫度範圍，就食物中的致病菌而言，當溫度低於某個程度時，生長繁殖停止並進入休眠，有部份也會因而死亡；當溫度接近人體體溫，致病菌的繁殖速度達到高峰，溫度超過人體溫度後，致病菌的繁殖速度便會開始迅速下降，當達到繁殖的上限溫度後，細菌除了停止繁殖外，也會逐漸死亡，隨著溫度的升高，細菌的死亡速度就愈快，同時加熱持續的時間愈長，細菌死亡的數量也會愈多。

休眠　生長繁殖　死亡

低溫殺菌的原理

　　低溫烹調便是利用細菌的這種特性，將加熱溫度設定**超過細菌生長繁殖的上限溫度**，持續加熱一段時間，便可將大部份的細菌殺死，讓致病菌的數目降至安全範圍內，這也就是為什麼低溫／真空烹調操作上必須以**低溫長時間**的加熱方式。

　　一般致病菌生長繁殖的上限溫度幾乎都不會超過50℃，但致病菌之一的產氣莢膜桿菌(Clostridium perfringens)，生長繁殖的上限溫度為52.3℃，這是已知致病菌中生長繁殖上限溫度最高者，這也就是說只要加熱的溫度**高於52.3℃一段時間**，即可將食物中的致病菌殺死，**合乎食品安全衛生**的要求。

　　但資料中經常出現54.4℃為最低的加熱溫度，這數字是轉換自美國要求的130℉。

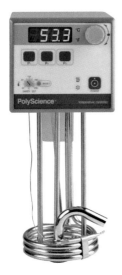

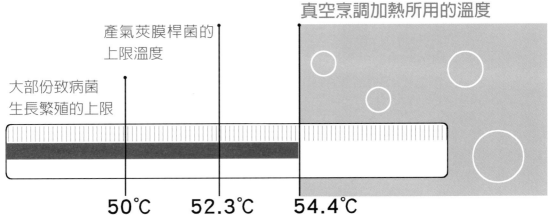

▲ 真空烹調以大於52.3℃的溫度長時間恆溫加熱足以將一般的致病菌殺死。美國農業部規定最低加熱溫度為54.4℃

第三節 巴斯特殺菌法於真空烹調之運用

　　法國的生物學家巴斯特Louis Pasteur在1864年，藉由細菌達到**上限溫度**便會逐漸死亡的特性，發展出低溫殺菌的方法。為了紀念他的貢獻，這種低溫殺菌的方式就稱為巴斯特殺菌法(Pasteurization)。

　　做法是將**食物加熱至58～75℃**，殺死食物中致病菌的**營養細胞(vegetative pathogens)**，讓致病菌的數量控制在**安全範圍**內，食物得以保有較高的**營養價值及美味**，也可以延長其**保存期限**。

※細菌的營養細胞指的是具繁殖能力的活躍細菌體

　　市售的鮮奶就是運用巴斯特殺菌法的典型例子，牛奶以巴斯特殺菌法殺死其中的致病菌，讓牛奶保有更多的天然美味及營養價值。經巴斯特殺菌的鮮奶仍含有少量的細菌，所以必須冷藏保存，保鮮期限約為十天左右。

　　巴斯特殺菌的操作上，要達到同一殺菌程度，可以有多種不同的**溫度及時間**的組合，其中所用的溫度愈高，殺死致病菌所需的時間愈短。

　　例如，鮮奶的巴斯特殺菌標準：若以63℃殺菌，需持續30分鐘；72℃只需15秒，89℃則僅需1秒。這些溫度及其所搭配的時間，皆可達到同樣程度的殺菌效果，同樣的道理，食物達到所設定的溫度後，持續時間的愈長，殺菌程度愈高，細菌殘餘量愈低，發生食物中毒的風險愈低。

巴斯特殺菌 58至75℃

3℃

須於冷藏溫度中保存，保鮮期約10天

| 鮮奶的巴斯特殺菌 | 以63℃，需持續30分鐘 | 以71℃，需持續15秒 | 以89℃，需持續1秒 |

真空烹調的巴斯特殺菌標準的制定

　　巴斯特殺菌法在食品工業上的發展相當成熟，但適用於餐飲業之巴斯特殺菌的資料並不完整。

　　1999年美國農業部便委託其下的研究機構ARS(Agriculture Research Service)，由微生物學家Vijay K. Juneja博士的研究團隊執行相關研究，2001年美國農業部的食品安全與檢驗局(FSIS)引用其研究結果，提出家禽類達到7.0-log^{10}殺菌的溫度／時間數據之草案。

　　2012年美國農業部所屬的食品安全與檢驗局，為了給餐飲業者及小型肉品工廠，能夠有巴斯特殺菌的相關標準可依循，正式的公告牛肉、家禽等肉品，達到巴斯特殺菌標準的溫度及其相對應的時間，只要依循建議的溫度與時間之組合，就足以將致病菌的數量降至安全範圍，不會引發食物中毒。很快的，加拿大、澳洲、英國、紐西蘭等國家的衛生單位皆採用相關數據。這些國家的食品法規要求，**肉品**必須要達到6.5-log^{10}的殺菌程度；但對**家禽**類則要求要達到7-log^{10}的殺菌程度。所謂的6-log^{10}的殺菌程度就是殺死**99.9999%**的細菌。7-log^{10}的殺菌程度就是殺死**99.99999%**的細菌。

　　一般而言，食物只要達到3-log^{10}的殺菌程度，對一般人健康的人就已經足夠，不會有引發食物中毒的疑慮。但對小孩、老人、孕婦等身體抵抗力較弱的人，這樣的殺菌程度就不足以確保食用上的安全。因此衛生單位才會要求肉品至少要達到6.5-log^{10}的殺菌程度。本書48頁為加拿大BC省2014公告真空烹調之肉品及家禽達巴斯特殺菌所需的溫度及持續的時間。

　　真空烹調是否達到安全衛生的標準，是以巴斯特殺菌的標準為依據。
巴斯特殺菌法，講求的是**時間**和**溫度**的組合，實例：

殺 死 90% 的 沙 門 氏 菌 所 需 的 溫 度 與 時 間			
溫度	60℃	54.5℃	65.6℃
時間	1.73分鐘	121分鐘	73秒

認識D值（Decimal reduction time）

- 在一定溫度下加熱，殺死90%細菌所需的時間，稱為D值
- D值是以**分鐘**來表示
- D值越大，微生物的耐熱性越強
- 減少90%的細菌量，稱為1-log^{10}
- 減少1-log^{10}就是每一隻菌於殺菌過程中的存活機率只有1/10
- 減少2-log^{10}就是減少99%的菌數
- 減少1-log^{10}細菌所需的時間，就是1個D值的時間
- 減少2-log^{10}細菌所需的時間，就是2個D值的時間

實例：沙門氏菌暴露在60℃下，每1.73分鐘有90%的沙門氏菌會被殺死

沙門氏菌在60℃的D值＝1.73分鐘

美國農業部的食品安全規範在D值的要求

牛肉中的沙門氏菌必須要降到至少6.5-log^{10}，雞肉需降至7-log^{10}，食用才不會有安全上疑慮。

	D值	殺菌程度
牛肉	6.5-log^{10}	殺死**99.99995%**的細菌
家禽類	7-log^{10}	殺死**99.99999%**的細菌

雞肉所要求的殺菌程度高於牛肉，這是因為**雞肉極容易受到沙門氏菌的污染**，雞肉中沙門氏菌的含量，通常會遠高於牛肉，所以需要較長的加熱時間來殺菌，因此同樣的溫度下，家禽比牛肉需較長的殺菌時間。

美國農業部的食品安全與檢驗局所公告的資料，雖然只有牛肉及家禽，資料中指出只要其肉品的衛生條件與牛或家禽相近似，就可參照附件一的溫度及時間進行操作，這也就是說只要肉品來自**合乎衛生規範的屠宰場**(合乎衛生法規)，不論是豬肉、羊肉、禽肉等，皆適用48頁所列的溫度與時間。但若是傳統市場的溫體豬等衛生條件不明的肉品，則48頁所列的溫度與時間，不一定可以將致病菌數降至安全範圍，引發食物中毒的風險就會提高。

真空烹調之肉品及家禽達巴斯特殺菌所需的溫度及持續的時間

最低中心溫度 (°C)	恆溫加熱所需持續的時間	
	肉 類（6.5log^{10}致死率）	家 禽（7.0log^{10}致死率）
54.4	112（分鐘）	
55.0	89	
55.6	71	
56.1	56	
56.7	45	家禽不建議以60°C以下的 溫度加熱
57.2	36	
57.8	28	
58.4	23	
58.9	18	
59.5	15	
60.0	12	16.9（分鐘）
60.6	9	15.4
61.1	8	13.9
61.7	6	12.4
62.2	5	10.8
62.8	4	9.3
63.3	169（秒）	7.8
63.9	134	6.3
64.4	107	4.7
65.0	85	192（秒）
65.6	67	102
66.1	54	90
66.7	43	84
67.2	34	72
67.8	27	66
68.3	22	54
68.9	17	48
69.4	14	42
70.0	0	30
70.6	0	24

1. 最低的加熱溫度為54.4°C，由美國慣用的130°F換算而來。美國的低溫／真空烹調的資料中，要求的加熱溫度都必須要達到54.4°C以上。
2. 資料來源：Guidelines for restaurant sous vide cooking safety in B.C.。

未達巴斯特殺菌標準的食物或菜餚

海鮮類食材同樣也會受到致病菌的污染，但海鮮類食材的蛋白質對熱較為敏銳，不耐高溫、不耐久煮。真空烹調的操作上，經常都只在真空烹調前或後以高溫上色，整個加熱幾乎都不會達到巴斯特殺菌要求。若魚類等海鮮以真空烹調方式加熱，如無法達到巴斯特殺菌要求，則仍應視為是**生食**。

製備這類型的食物或菜餚所需把握的基本原則為：致病菌的數量尚未達到危險量之前，就必須食用完畢，因此從製備到上桌食用的整個過程，暴露於危險溫度帶，總時數加起來不可超過4小時，同時這類的食物仍應避免給幼童、老人、孕婦及免疫系統較弱的人食用。

巴斯特殺菌的限制

有些細菌會在不良的環境下(包括加熱烹煮)，產生不具活性、可**耐高溫的孢子**，讓細菌得以度過不良的環境，等到環境適合後即可破孢子而出，再度成為具生長繁殖能力的營養細胞。**巴斯特殺菌並無法殺死孢子**，這也就是為什麼以真空烹調完成的食物，只要沒有即刻上桌食用，就必須要快速的**冷卻**並放置**於冰箱中保存**，以避免孢子重新成為營養細胞，提高食物中毒的風險。

基本上真空烹調在衛生安全上的問題並不複雜，但為了要確保真空烹調食物的衛生安全，食物從製備、加熱、冷卻、儲藏、復熱等過程，操作上都必須合乎HACCP的原則。

第四節 傳統的衛生觀念不完全適用真空烹調

衛生單位或食品衛生相關的教科書中，所強調的食品衛生觀念或原則，是針對傳統烹調法所發展出來，部份的觀念或原則並不完全適用於真空烹調，甚至於對真空烹調的操作，帶來一些困擾，容易讓消費者質疑真空烹調菜餚安全衛生上的問題，例如五分熟的雞肉或豬肉。

健康動物的自我防菌機制

健康動物的肌肉組織處於**無菌狀態**，因為肌肉組織外層有**皮毛的保護**，**消化道**及**呼吸道**也能阻隔微生物的入侵。若細菌突破隔離，入侵到動物組織中，**免疫系統**即刻啓動保護機制，攻擊入侵的異物，以確保肌肉組織不受細菌的感染。

肉的污染

宰殺是動物肌肉組織受到細菌污染的開始，肉類受到細菌等微生物的污染，幾乎都侷限於**表面**，這是因為肌肉組織並非液態，所以細菌難以深入其中。肉塊**分切**時，每下一刀所生成的新切面，極短的時間內就會受到細菌的污染。絞肉的問題更嚴重，肉絞碎就如同將肉切千百刀，**表面積增加**，擴大肉的污染，過程中也會將空氣混入到絞肉的縫隙中，引發食物中毒的風險相對較高，因此絞肉的保存期限只有1～2天。

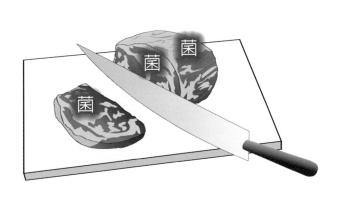

食物的殺菌溫度

不論是餐飲從業人員或消費大眾都被教導，食物一定要加熱到中心溫度達到某一溫度以上，才能將致病菌殺死。就科學的角度來看，以加熱的方式殺死致病菌，講求的是**溫度與時間適當的組合**，但過去衛生單位將這觀念簡化只剩「溫度」。

這個原因很可能是過去廚房的設備及烹調方式，無法做到**精準**且**穩定**的溫度控制，且過去殺菌時間與溫度的組合相關資料並不完整，因此只能強調「溫度」。在不考量「時間」因素後，衛生單位很自然的會採用**最嚴格的「高溫」**標準。高溫可以讓細菌瞬間死亡，但也會造成肉類蛋白質的過度變性，肉質變得乾澀。**高溫**除了毀掉許多食物的美味外，也讓廚師及消費者對真空烹調的安全性充滿了疑惑。

食物的最低中心溫度

單位/機構	食物	中心溫度（℃）	時間
美國農業 USDA(2011)	牛、羊、豬、小牛	63	持續3分鐘
	絞肉(牛、羊、豬)	71	即刻
	家禽類	74	即刻
行政院衛生福利部	牛、羊、豬、小牛	65	即刻
	絞肉(牛、羊、豬)	72	即刻
	家禽類	85	即刻

資料來源：資料皆來自官方網站

食物的中心溫度的意義

衛生法規要求，食物要能達到安全衛生的標準，食物的裡裡外外皆要達到某一溫度並**持續若干時間**，但就科學的觀點來看，中心溫度的觀點並不完全正確，這是因為細菌的污染通常都僅侷限於肉塊的表面，除了寄生於肌肉的旋毛蟲(trichinella)、沙門氏菌感染的雞蛋等極少見的案例外，健康的動物肌肉為無菌狀態。

美國2009年的食品法規(FDA Food Code 2009)說到「整塊完整的牛肉塊，以63℃以上的溫度加熱，當牛肉的表面變色或泛白，就可被視為是一種即食食品(Ready-to-Eat Form)。」同樣的標準也該可以適用於其他完整的肉塊。歐洲的傳統料理上，經常把紅肉色家禽胸肉(如鴨胸、乳鴿等)，和牛肉一樣都是吃三分熟。

中心溫度對**絞肉製品**就有其實質的意義，因為絞肉製品裡外皆受到細菌的污染，中心溫度自然是重要的指標。就真空烹調的操作而言，中心溫度或許不是安全衛生的重要指標，但它可確保整塊肉熟度的均勻。

危險溫度(the danger zone)

危險溫度指的是4～60℃，細菌在此溫度帶能快速的生長繁殖，食物長時間置於危險溫度中，食物中毒的風險就會大幅提高，但這種講法並非完全的正確，因為食物放置於危險溫度範圍內，不同溫度所造成的風險並不一致。

大部份的致病菌在10℃以下，生長速度相當緩慢，隨著**溫度的上升**，細菌生長繁殖的**速度逐漸加快**，當食物溫度**接近體溫**時，細菌的生長速度**達到頂峰**。超過人體體溫後，大部份的致病菌生長速度會快速下降，除了產氣莢膜桿菌外，**致病菌在50℃以上無法生存**。

危險溫度的由來

致病菌可在-1.3℃～52.3℃之間生長繁殖，而腐敗菌則是在-5℃下就開始生長繁殖。其中產氣莢膜桿菌的生長繁殖之上限溫度為52.3℃，是致病菌中最高者。然而危險溫度範圍，根據O. Peter Snyder（1982）指出的考量原因：

- 最低溫的設定
  其設定是基於李斯特氏菌及耶爾辛氏腸炎桿菌，其生長繁殖的溫度範圍-1.5～29.3℃。於4.4℃下，每24小時可以繁殖一次。細菌繁殖5個世代，由1隻變成32隻，在正常的食品污染情形下，導致食物中毒的風險甚低。此溫度下腐敗菌的生長繁殖速度快上二倍，不需5天食物早已腐壞不能食用。正常人並不刻意去食用已經腐壞的食物，因此發生食物中毒的風險並不高。
- 最高溫度的設定
  其設定是基於產氣莢膜桿菌(C. perfringens)的生長繁殖的溫度範圍為15～52.3℃。產氣莢膜桿菌在此溫度範圍生長繁殖速度快速，加熱時必須6小時內通過此溫度範圍，以避免引發食物中毒。以60℃來加熱，所需的時間會縮短許多。

　　雖然危險溫度在數字上並不完全正確，但對傳統烹調而言，這種誤差是有其正面的意義，也不會影響烹調上的操作，但對真空烹調而言，危險溫度多少會引發一些困擾。

　　真空烹調的操作上有時會以56～58℃來加熱，看似落在危險溫度帶，但實際上溫度只要**超過**55℃，就足以殺死沙門氏菌、產氣莢膜桿菌、李斯特氏菌、志賀毒性大腸桿菌等致病菌，但若要將菌數降至安全範圍，所需的時間會相當長，同時為了要**提高熱交換效率**，加速食物的升溫，會要求以熱水循環機或萬能蒸烤箱來加熱。

　　真空烹調的食物屬**低氧**類食品，儲藏於4℃的冰箱中5～7天並不致於會引發食物中毒，但考量肉毒桿菌的風險，非典型肉毒桿菌於3.3℃低溫下仍可生長，真空烹調的食物仍會建議儲藏於3℃**以下**的冰箱中。

肉品的衛生安全把關

- 宰殺過程必須合乎**衛生**及確保**冷藏溫度**。
- 美國USDA對肉品工廠要求HACCP的衛生規範。
- 檢測大腸桿菌、沙門氏桿菌、李斯特氏菌。

真空烹調的安全性

- 烹煮完成的食物，必須要**迅速冷卻**，以避免細菌有機會滋生繁殖。
- 食物從製備、加熱、冷卻、儲藏、復熱的過程，暴露在**危險溫度**下的時間，都必須加以考量。

▲ 真空烹調完成後的肉品需以冷藏或冷凍保存

第五節 真空烹調相關的致病菌

　　真空密封的食物處於缺氧狀態，好氧菌的生長會被抑制。導致食物腐敗產生異味的腐敗菌多為好氧菌，因此真空密封對延長食物的保存期限是有所助益的。但真空包裝袋內的**厭氧菌**仍可繼續活躍，最重要的有二種：肉毒桿菌(Clostridium botulinum)和產氣莢膜桿菌(C. perfringens)。此二株致病菌也是孢子生成菌。其中肉毒桿菌產生的毒素，只要一小匙就足以殺死十萬人。美國藥物與食品管制局2009年的食品安全規範(FDA2009 Food Code)指出，肉毒桿菌(Clostridium botulinum)和李斯特氏菌(Listeria monocytogenes)被認為是真空烹調相關食物的主要風險所在，但除非是要長時間的冷藏儲藏，李斯特氏菌才需要注意。

　　除了FDA所公布的這二株菌外，其他能夠存活於**無氧狀態**的致病菌，沙門氏菌(Salmonella)、志賀毒性大腸桿菌(O157:H7)、仙人掌桿菌(Bacillus cereus)、產氣莢膜桿菌(C. perfringens)、耶爾辛氏腸炎桿菌(Yersinia enterocolitica)等。這些細菌的共通點是可存活於真空包裝袋的無氧環境中。如果這些細菌和食物一起進入到了真空包裝袋中，然後放入在危險溫度範圍內的熱水中，這些細菌可以快速的繁殖，特別是在40～50℃間，每20～30分鐘便可增加一倍數量。

沙門氏菌　Salmonella

種類	稱為沙門氏桿菌的細菌，約有二千三百多種
引發疾病	是最常見引發「病菌性腸炎」的原因菌之一
症狀出現時間	在食用或飲用受污染的食物或飲水後的6~72小時出現症狀
症狀情形	輕則黏便、水便、腹痛、發燒(70%以上病人會有發燒的症狀)；重則血便、腹脹、高燒不退、劇烈腹痛、甚至嘔吐
對人體的危害	對大部分的人而言，大都可不需治療，就可自行康復，但對老人、兒童、孕婦和免疫力低的人而言，可能危及生命
菌的存在環境	存活於人畜的腸道中，通過糞便排出體外
污染方式	交叉污染的方式感染，也可藉由受污染的食物傳播，如水、豆芽、肉製品、未煮熟的禽肉等
主要污染食物	生鮮的雞肉和蛋(不僅污染蛋殼，偶爾也會入侵蛋的內部)

肉毒桿菌　Clostridium Botulinum

種類	殺傷力極大，極厭氧的產孢桿菌
分布情形	廣泛的分布於自然界中，土壤中很容易發現呈休眠狀態的孢子，肉毒桿菌的孢子，極度的耐熱
產生毒素的環境	在無氧或低氧的環境，肉毒桿菌會快速增殖，同時產生神經毒素
對人體的危害	食用到含毒的食物，容易造成死亡
破壞毒素的方法	食物加熱到85℃持續5分鐘，即可破壞毒素

真空烹調防範肉毒桿菌的方式

高溫上色	真空烹調在上桌食用前，常會以高溫讓食物上色，也讓真空烹調造成肉毒桿菌中毒的風險減少許多

低溫儲藏	肉毒桿菌的生長溫度範圍在3.3～48℃，少部份的菌株在3.3℃的冷藏溫度下仍可緩慢生長，並產生毒素。因此，真空烹調的食物若要冷藏超過5天以上，溫度不可超過3.3℃，否則就要冷凍貯藏，以確保安全

志賀毒性大腸桿菌 Shiga toxin-producing E. coli；E. coli O157；STEC

毒性	傳染性極高、為致命性腸出血性大腸桿菌
中毒起因	食用未煮熟之牛絞肉，或是受污染的蔬菜
感染所需的菌珠數	極少量的菌株(10株以下)就足以導致中毒。相較於沙門氏菌至少需要7~8百隻細菌才會引起感染，傳染性很高
對人體的危害	食用受污染的食物後，如果身體免疫機能無法清除抵抗時，此菌就會在人體內滋生，並產生特殊的烈性毒素，使人嚴重生病，甚至死亡。感染此病菌的人會出現嚴重腹瀉、血便、發燒、腹痛或嘔吐等病徵，病情嚴重者，更會引發腎衰竭併發症
須特別注意的人	老人、兒童、孕婦和免疫力低的人士，極有可能會危及生命

仙人掌桿菌 Bacillus cereus

分布情形	廣泛的分布於土壤、塵埃、空氣、水等自然環境中
生存能力	孢子相當耐熱，在烹煮過的菜餚中仍可存活。儲藏於5℃以上的環境下，孢子可萌發成營養細胞
引發中毒的菌數	一克中的細菌數超過百萬隻，就容易引發食物中毒
潛伏期及症狀	嘔吐型：症狀為噁心及嘔吐。潛伏期較短，約1~5小時。因為產生嘔吐型毒素的菌株。較適合生長於澱粉類食物中，通常是食用受污染的米飯等澱粉類食物而引起 下痢型：症狀為腹痛及腹瀉。潛伏期較長。約8~16小時。因為產生下痢型毒素的菌，可以在多種不同的食物中生長繁殖，通常是食用受污染的肉類加工品、蔬菜、布丁等引起
主要污染食材	來自植物性食材。因為此菌分布廣、孢子耐熱、耐乾燥，幾乎所有的菜餚都會受污染，尤其是冷卻及儲存不當的食物，仙人掌桿菌中毒的風險特別高
臺灣地區	因仙人掌桿菌而引起中毒的食品以米飯為主，少數為肉類及豆製品
歐美國家	引起中毒的原因食品，大部分為布丁甜點、肉餅等

李斯特氏菌 Listeria monocytogenes

種類	屬於不產孢子、兼性厭氧菌
分布情形	自然界中幾乎無處不在
容易感染的對象	健康的成年人幾乎不會受其影響。孕婦、長者和免疫力較弱的人等，最容易受李斯特氏菌感染
出現的症狀	食用受此菌污染的食物，約於12小時內出現類似感冒或腸胃不適的症狀
感染的來源	食用未煮熟的牛肉、豬肉、家禽、生的蔬菜(特別是葉菜類)等，感染的風險會增高
生存環境溫度	非孢子生成菌中耐熱性最高的致病菌，在攝氏0℃的環境下，仍可緩慢繁殖。將食物迅速冷卻及保存於冰箱，可大幅減緩生長速度

耶爾辛氏腸炎桿菌 Yersinia enterocolitica

種類	兼性厭氧菌，屬腸道菌的一種，於1980年代被認定為致病菌
感染主要來源	豬
傳染途徑	食用未煮熟的豬肉或被污染之其他食物
是否存在於人體	人體中偶爾也有發現，但並非人體內的正常菌，會產生對人體有害的腸毒素
感染症狀	會因受感染人年齡等不同因素而引發不同症狀，包括有急性腸胃炎、菌血症、腹膜炎、膽囊炎、內臟膿腫、腸系膜淋巴腺炎症等
重要特徵	可在接近攝氏0℃的環境下緩慢繁殖，是少數可生長於冷藏溫度下的病原菌之一。李斯特氏菌和耶爾辛氏腸炎桿菌二者皆可於-1.5℃下繁殖。在溫度4.4℃下，約一天繁殖一次，這個溫度就被用來做為冷藏的標準溫度

產氣莢膜桿菌　C. perfringens

分布情形	廣泛存在於自然環境中，常見於人類及動物的腸道中
生存能力	只能存活於少氧或無氧環境，於12℃以下無法繁殖
引發中毒主因	通常是食物未徹底煮熟，並存放於不當溫度下。食用含有大量產氣莢膜桿菌的食物才足以發生感染中毒的現象，因此食物若於室溫下長時間冷卻或復熱方式不當，受此菌污染的風險高
感染的來源	含高蛋白質的食物中。如肉類、牛奶、家禽類菜餚、馬鈴薯沙拉、魚類等海鮮及濃湯等
症狀	通常為下痢與腹痛，雖然不會致命，但對小孩、老人以及免疫力差的人，症狀較為嚴重

　　真空烹調技術之風潮正席捲世界。此烹調法也被各地的衛生單位認定具潛在的危險性。雖然至今未見引發食物中毒的案例，但這並不是意味說真空烹調法就是一種絕對的安全烹調方式。食物中多少都含有一些細菌，真空烹調法並無法完全的將它們殺死，因此中毒的風險一直都存在。但只要操作上把握一些基本的原則，真空烹調法引發中毒的風險便可降至最低：

■ 食材的新鮮度要夠。
■ 食物要以55℃以上的溫度來加熱烹煮，並達到巴斯特殺菌的標準。
■ 食物煮熟後要迅速降溫。

第五章　加熱對蛋白質的影響

　　食物的基本組成包括有水、澱粉、醣類、油脂和蛋白質。基本上，碳水化合物和油脂只是生物體貯藏能量的形式或是組織結構上的構成物質；而蛋白質則是生物體生命運轉的驅動者，也是生物體生化反應及成長的核心。

　　蛋白質構成的肌肉纖維及結締組織讓生物體可以活動。蛋白質會去組合並建構細胞所需的各種分子，也會移轉細胞內的分子。蛋白質所扮演的角色多元且複雜。相較澱粉、醣類及油脂，蛋白質的本質既活躍又敏銳。因此肉類及富含蛋白質的食材，展現出多樣化的物理及化學特性，烹調上需要較高的技巧。

　　對富含蛋白質的食物，真空烹調法運用**不同的蛋白質**分子，會在**不同溫度下變性凝結**的特性，藉由不同溫度的設定，烹調出不同熟度、質地的菜餚，創造出傳統調理方式所無法達到的全新口感，並以低溫加熱來避免蛋白質的過度變性。

　　為了要能充分利用真空烹調的優勢，將蛋白質類食物的最佳狀態表現出來，對蛋白質的特性必須要了解，烹調時才能充分掌控，進而料理出完美的菜餚。

第一節 蛋白質及蛋白質的變性

　　蛋白質是高分子量的大型聚合物，以**胺基酸**為組成的基本單位。蛋白質中胺基酸的種類可多達**20**種。胺基酸同時具有機鹼(-NH2)及有機酸(-COOH)的官能基，故有胺基酸之稱。從蛋白質分子的結構來看，胺基酸之間的結合是由一個胺基酸的羧基(-COOH)與另一個胺基酸的胺基(-NH2)，經**脫水縮合反應**生成的C-N鍵，結合而成長鏈的蛋白質分子，一個蛋白質分子可以由數十到數百個胺基酸所構成。

▲ 許多胺基酸結合成長鏈蛋白質分子

　　蛋白質分子中的**C-N**鍵稱為胜肽鍵(peptide bond)，所以蛋白質分子是以胜肽鍵為主幹所聚合而成的大分子，以類似鋸齒形的方式排列，外觀呈螺旋狀。

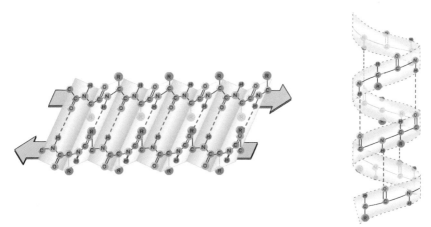

▲ 脂基酸間的胜肽鍵呈鋸齒狀排列，形成長鏈的蛋白質分子外觀上呈螺旋狀

　　胺基酸分子本身非常龐大，因此蛋白質分子胜**肽**鍵的骨架上，胺基酸的其他部份(又稱為側基)會往外伸展出去，因為蛋白質分子屬大型的聚合物，其鏈結非常長，胺基酸向外伸出的側基，會進一步影響蛋白質長鍵分子的結構。這些側基可藉由多種方式彼此吸引或鏈結，包括有氫鍵、凡德瓦力、離子鍵、共價鍵等。這些引力讓蛋白質分子出現**折疊**、**纏繞**，形成特殊的**三次元立體結構**（tertiary form）。這種特殊的立體結構在生物體內有其功能，其目的是要執行、維持生命所需的各種特定任務。

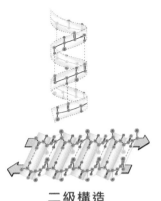

二級構造

三級構造

四級構造

　　生物體或食物中的蛋白質分子，通常都是被液體所圍繞。蛋白質分子或多或少都可以**和水生成氫鍵**，這也就是說蛋白質分子多少都會吸附一些水。而蛋白質分子吸附水的能力差異極大，**吸水量的多寡**取決於**胺基酸**的類型。胺基酸所含的**親水基**愈多者，吸附的水量愈多，反之亦然。

蛋白質受熱後的變化～蛋白質的變性

　　蛋白質加熱達到一定溫度後會開始出現立體構造(Conformation)的改變，稱之為蛋白質的變性(denature)。所謂蛋白質的變性指的是自然狀態下，維持蛋白質三次元立體結構的引力或鍵結被打斷，讓原本折疊、纏繞的立體結構被打開而呈長鍵狀。但蛋白質分子的骨架(胜肽鍵)並不會受影響，所以蛋白質的變性只是立體結構的改變，而非蛋白質分子骨架的破壞斷裂。不過蛋白質的特性取決於它的立體結構，這也就是說變性後的蛋白質呈現出與變性前全然不同的特性。**蛋白質的變性屬不可逆反應**，蛋白質一旦變性後，就不可能再回復到原本的樣子。舉例來說，煮熟的蛋不可能回復到生鮮蛋的透明濃稠狀態，煮熟的牛肉也不可能回復成生鮮肉的鮮紅、柔軟的狀態。

生鮮雞蛋

熟雞蛋

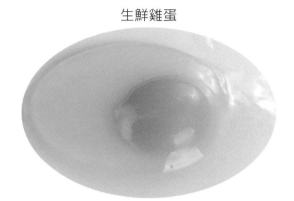
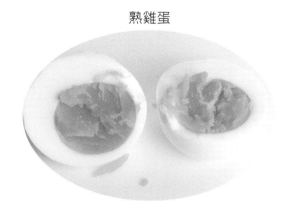

第二節 液態蛋白質(蛋)受熱後的變化

蛋的蛋白質受熱變性後會形成凝膠(gel formation or gelation)，這是一種三度空間的立體網狀結構。

蛋白質受熱變性成凝膠的三步驟：

1 蛋白質分子的伸展（unfold）

蛋的蛋白質分子受熱變性後，原本折疊纏繞之立體或三次元結構被打開，伸展開的蛋白質分子呈直線狀，許多具親水性的側基(side groups)因而暴露出來。

2 蛋白質分子間的交互作用（interaction）

伸展開來的直線狀蛋白質分子，暴露出來大量的側基，很容易就會與周遭其他已經伸展開來的蛋白質分子碰撞而起交互作用，生成新的鍵結(如雙硫鍵、共價鍵等)，形成大分子量的聚合物(aggregates)。

3 蛋白質分子的聚合

大分子量的聚合物(aggregates)彼此間也會碰撞而有交互作用，讓蛋白質分子形成立體、網狀般的連續相。
此種立體的網狀結構中，存在許多孔洞間隙，許多的水分子會深陷其中，其中一部份的水分子是藉由與蛋白質分子的親水基生成氫鍵而被吸附住。

值得注意的是當加熱達到的溫度愈高時，其能量可以打斷蛋白質分子間較強的鍵結，最後也會導致新生成的鍵愈強，造成蛋白質分子間結合的愈緊密。

實例說明

　　蒸蛋、炒蛋、布丁之類的菜餚或甜點，製作過程中蛋類蛋白質的變性，是依循凝膠形成的三個步驟。香草醬汁的製作上可以清楚看出這變性的三步驟，製作上是將混合有蛋、牛奶、糖的混合液**加熱**，受熱後該混合液逐漸**由稀變濃稠**，其三步驟如下。

香草醬汁 凝膠形成三步驟

1. 加熱之初混合液相當的稀，其中懸浮著許多一顆顆折疊纏繞的蛋白質分子。
2. 隨著溫度上升，懸浮的蛋白質分子開始變性，其三次元立體結構被打開，並伸展開來呈長鍵狀，伸展開來的蛋白質分子間彼此碰撞並生成新的鍵結，逐漸形成立體的網狀結構，液體逐漸變濃稠。
3. 溫度持續升高，蛋白質分子間較弱的鍵結，再度被打斷，只有較強的鍵留下來，逐漸生成愈多愈強的鍵結，蛋白質分子間的鍵結更強、更緊密，最後會排擠掉原本吸附的水分子，水溶性也逐漸的降低，最後生成許多凝結的蛋白質顆粒。

▲ 一開始香草醬汁呈液態

▲ 加熱一段時間後，逐漸形成立體網狀結構，液體開始變濃稠

▲ 持續加熱後，出現凝結的蛋白質顆粒(俗稱開花)

　　香草醬汁的製作上，當醬汁變濃稠後，廚師就會將其離火並迅速的降溫，若持續的升溫就出現凝結的**蛋白質顆粒**(俗稱開花)。在真空烹調的運用上，只需設定好溫度，即可讓香草醬汁濃稠卻不會有凝結上的問題。

　　從蒸蛋、布丁之類食物受熱時的變化來看，一開始食物呈液態，受熱後先呈濃稠，然後逐漸失去流動性，生成質地細緻、綿密的蒸蛋或布丁。此階段立體的網狀結構已經形成，許多的水分子深陷於結構的縫隙中。

　　持續的加熱，隨著溫度的上升，蛋白質分子間結合力較弱的鍵結會被打斷，取而代之的是形成愈來愈多強的鍵結，這些鍵結的穩定性亦高，這會讓蛋白質分子彼此之間的結合更為緊密。蛋白質分子與分子間隙中部份的水分子被排擠出來。食物出現脫水的現象，質地也隨之變硬（回想蒸得過頭的蒸蛋或布丁會有許多的孔洞，質地也變硬)。

　　蛋的凝膠生成會受到多項因素影響，包括蛋液中蛋白質的**濃度、PH值、各種離子的含量、加熱的時間和溫度**等。廚師可藉由加入多種不同的食材，影響蛋液的成份，干擾或加速蛋的凝膠生成。例如酸性食材(如醋)可以讓蛋液在比較低的溫度下凝結；糖、鹽等就可以讓蛋液的凝結溫度升高。

　　至於肉類受熱後蛋白質變化的原理相近似，但肉類屬固態食物，其蛋白質變性後所呈現的效果自然與液態蛋白質類食物有所差別，如要同時烹煮出口感柔嫩、多汁的肉類佳餚，其複雜度會更高，在下一單元會有詳盡的介紹解析。

▲ 以真空烹調方式製作香草醬汁

第六章　肉類的構造

第一節 肉的組成

組成成份

- 水約佔75%
- 蛋白質約佔15%～20%
- 脂肪約佔5%～30%

肌肉的構造

為了讓肌纖維藉由收縮、鬆弛產生的力道能夠有效率的傳遞，肌肉的結構非常複雜。

- 肌肉組織　　■ 結締組織　　■ 脂肪組織　　■ 色素　　■ 骨骼

肌肉組織（muscle tissue）

　　取一塊肉來觀察，其中瘦肉的部份是由一至數塊肌肉(muscle)所組成；而肌肉主要由肌細胞所構成，肌細胞具多個細胞核、呈長圓柱狀，故亦稱肌纖維(muscle fiber)。

　　肌細胞的縮短稱為收縮，這種收縮的能力來自於肌細胞內所含許多細絲狀的收縮纖維，稱為肌原纖維(myofibril)。一般的細胞中都會含有大量的細胞液，而肌肉細胞中則含大量的肌原纖維，非細胞液。肌原纖維是由一段一段稱為肌節(sarcomere)的可收縮單位所構成。

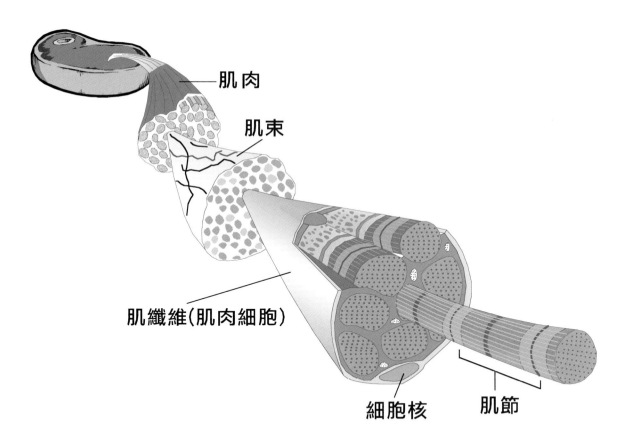

肌肉

肌束

肌纖維(肌肉細胞)

細胞核　　肌節

肌原纖維中包含二種蛋白絲(myofilaments)
- 肌動蛋白(actin)
- 肌凝蛋白(myosin)

　　蛋白質絲以分解ATP產生能量，來讓它們彼此間**相互滑動**——**收縮與鬆弛**。肌纖維集體的收縮與鬆弛，可以讓動物體產生動作。而肌肉之所以能夠集體的收縮與鬆弛，則有賴於結締組織的支撐。

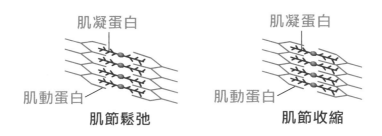

結締組織（connective tissue）

　　結締組織是由大量的細胞外間質所組成，廣泛的分布於動物體，幾乎遍布所有器官，具有**聯結**、**支持**、**保護**、**防禦**、**修復**、**儲存能量**及**運輸**等功能。而膠原蛋白(collagen)則是結締組織中含量最豐富的蛋白質，也是結締組織中最主要的**結構性蛋白質**，扮演著如同鋼筋般的支撐架構，能夠保護並連結各種組織，同時支撐動物體的結構。

膠原蛋白的結構

膠原蛋白是由無數根膠原纖維(collagen fiber)緊密結合所形成的網狀架構，膠原纖維則是由許多的膠原纖維絲(collagen fibrils)所結合而成，膠原纖維絲則是由多條的原膠原分子(tropocollagen)結合所構成，原膠原分子本身是由三條多胜肽鏈(polypeptide chains)，藉由氫鍵等化學鍵結，彼此交錯緊密地結合在一起，形成類似麻花狀的螺旋立體直線結構，與一般蛋白質折疊的立體結構有所不同，這種特殊的螺旋立體結構，讓膠原蛋白具良好的張力、拉力及延展性。

　　肌肉的裡外皆遍布結締組織，肌肉的結締組織計有三個層次。取一塊完整的肌肉來看，其外層包覆著一層白色、半透明的結締組織，俗稱筋膜(silver skin)，正式的名稱為肌外膜(epimysium)。

　　肌外膜延伸進入肌肉的內部，將肌纖維(或肌肉細胞)分隔成束，這種成束的肌纖維稱為肌束(fascicles)，包覆肌束的結締組織稱為肌束膜(perimysium)，肌束膜中也分布有血管及神經，肌束中含有許多的肌纖維，是構成肌肉組織的基本架構。肌束膜向內延展出更細薄的結締組織，將一條條的肌纖維包覆聯結，這一層級的結締組織稱為肌內膜(endomysium)。這也就是說肌纖維與肌纖維、肌束與肌束間，都是藉由結締組織包覆並黏合在一起，包覆於肌肉最外層的肌外膜會延伸至肌腱(tendon)，並附著於骨頭上。

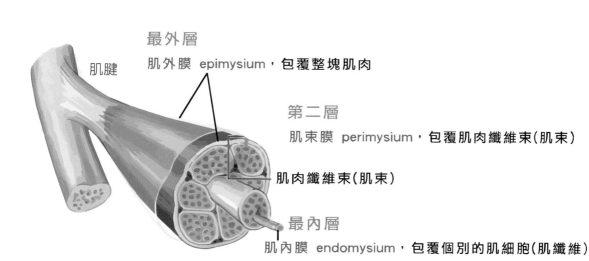

最外層
肌外膜 epimysium，包覆整塊肌肉

肌腱

第二層
肌束膜 perimysium，包覆肌肉纖維束(肌束)

肌肉纖維束(肌束)

最內層
肌內膜 endomysium，包覆個別的肌細胞(肌纖維)

脂肪組織（adipose tissue）

當動物攝取的食物總熱量超過身體所需，便會以脂肪的形式來儲存多餘的能量。動物的脂肪組織，分布於動物體的三個不同部位：

皮膚下層

除了提供身體**能量**外，還有**隔離保溫**的功能。

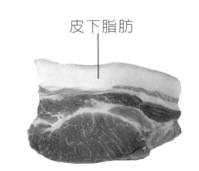

皮下脂肪

體腔中

通常在腎、腸、心臟等附近，**包覆內臟**的脂肪，稱為體腔脂肪。

結締組織

脂肪隨著結締組織進入到肌肉中。
肌肉及肌肉間之結締組織的脂肪，
又稱為肌間脂肪(seam fat)，
分布於肌肉纖維束之結締組織的脂
肪，就是所謂的大理石紋(marbling)。

大理石紋

動物脂肪的堆積量，會受**年齡**、**營養**、**運動量**等影響。起初脂肪主要是堆積於腹部或皮下，最後脂肪才會在肌肉組織中堆積。所以牛飼養的最後階段會給予大量的飼料，稱之為育肥，其目的就是要增加肌肉中脂肪的含量，來增高肉塊中大理石紋含量的比例。

肌肉中的脂肪能夠增加肉塊的多汁口感及風味，但對肉質柔嫩程度的影響有限，結締組織的含量對肉質之柔嫩程度影響深遠。結締組織在有液體的環境下加熱，可被水解破壞，讓肉質軟化。因此肉塊中**結締組織的含量多寡**，才是選擇**烹調方式**最主要的考量依據。

色素（pigment）

　　肉塊中所含的色素，雖然不被視為是肉的組成成份。但其所呈現出來的顏色，往往會影響人們的購買意願。

肉塊顏色來自其所含的色素

- 肌紅蛋白(myoglobin)
  主要分布於**肌肉**中，負責接收血紅蛋白所攜帶的氧氣，並儲存於肌肉中。
- 血紅蛋白(hemoglobin)
  主要存於**血液**中，負責將氧氣運送到動物體的各個部位。

　　一般而言，動物的**肉色**取決於**肌紅蛋白**的含量，肉塊中的肌紅蛋白含量愈多，肉色愈紅。

影響肌肉中肌紅蛋白含量的因素：

- 物種間的差異
  牛的肌紅蛋白含量較羊肉高，因此牛的肉色較羊深，豬肉的肌紅蛋白含量又比羊少，因此肉色更淡，接近粉紅色。
- 肌肉的活動量
  運動量愈大的肌肉需要愈多的氧氣，肌肉中會含有較高的肌紅蛋白，肉色因而較深。這也就是雞腿的肉色顏色較雞胸肉深。
- 動物體的年齡
  動物年齡愈大肉色愈深。所以老牛肉的顏色較小牛肉深許多。

第二節 質地柔嫩與堅硬之肉塊構造上之差異

　　肉塊的質地不論是柔嫩或堅硬，其基本的組成及架構皆相近似，都是以**肌纖維**為最小的構成單位，外層為**膠原蛋白**所包覆。

　　肌肉活動量之多寡，決定了肉質的柔嫩或堅硬程度：

- 活動量愈大的肌肉質地愈堅硬。
- 活動量愈小的肌肉質地愈柔嫩。

肌纖維束

　　肌肉組織中一束束的肌纖維束，稱為肌束(fascicles)，為構成肌肉組織的基本架構，肌束愈細緻，肉質愈嫩，反之，肌束愈粗，肉質愈硬。

肉質堅硬的肉塊

為了要讓肌肉可以產生較大的活動力及承受較大的扭力，肌纖維中的肌節(sarcomere)含有較多的肌動蛋白及肌凝蛋白，讓肌節看起來較肥厚，同時**肌節也較短**，肌纖維也較粗大，因此較不容易被咬斷。此外，粗的肌束中也含有較多數量的肌纖維。

肌節

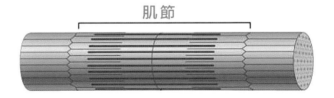

質地柔嫩的肉

其肌肉較脆弱，就結構來看其**肌節較細長**，肌束也比較細，這讓它無法產生或承受強力的動作。

肌節

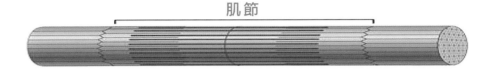

結締組織或膠原蛋白

包覆於肌束外的肌束膜(perimysium)，其厚度對肌肉質地柔嫩程度有重要的影響。

活動量小的肌肉，通常肌肉只會承受小量的扭曲，肌束膜較細薄，強度亦弱、這種質地柔嫩的肉，只需短時間的加熱就足以將其肌束膜破壞，因此烹調的時候可以完全忽略結締組織的存在。

活動量大且強而有力的肌肉，為了要能承受強大的扭動，除了肌束較肥厚外，肌束膜亦厚實堅硬，其中膠原蛋白分子交錯聯結的鍵結量亦多，所以需要長時間的加熱烹煮，才足以破壞膠原蛋白並將其轉變成明膠。

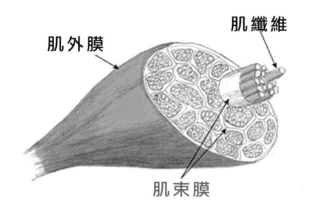

	活 動 量 小 的 肌 肉	活 動 量 大 的 肌 肉
肌肉	承受小量的扭曲	承擔強大的扭動
肌束膜	細薄，強度較弱	比較厚實堅硬
烹調時間	短時間加熱就足以將膠原蛋白破壞，肉很容易被咬斷	肌束膜中的膠原蛋白分子的鍵結量較多，長時間的加熱才足以讓膠原蛋白轉變成明膠

膠原蛋白決定肉塊的柔嫩度

　　肌肉的裡裡外外皆為結締組織所包覆，肌肉中結締組織含量的多寡，對肉質會有顯著的影響。結締組織是以膠原蛋白為主要的結構性成份，因此肉塊的柔嫩程度主要還是取決於膠原蛋白。

　　當咀嚼肉塊時，我們是在撕裂包覆於肌纖維束外層的膠原蛋白，並將肌纖維束扯裂咬斷，撕裂膠原蛋白的難易程度，往往代表著肉質的柔嫩程度。

　　對**質地柔嫩的肉塊**而言，其肌肉組織中的**膠原蛋白之網狀架構相當脆弱**，一般的咀嚼動作就足以將其撕裂開來，並將肌纖維束切斷，因此這類型的肉，給人一種質地柔嫩的口感，且受熱後很容易水解。因此烹煮質地柔嫩的肉塊時，幾乎可以完全忽略膠原蛋白的存在。

　　質地堅硬的肉咀嚼起來則完全不一樣，包覆於肌纖維束外層的膠原蛋白**厚實堅硬、延展性亦佳**，一般的咀嚼動作不容易將其整個撕裂開來，必須仰賴長時間的加熱來破壞膠原蛋白，讓肉質軟化。

第七章　加熱對肉質的影響

　　肌肉中含有至少74%的水，讓生鮮的肉外觀看起來光滑，觸壓起來感覺柔軟且溼潤。但生鮮的肉看似柔軟，咀嚼起來卻是相當的堅韌、不易咬斷。這是因為肌肉本身所扮演的角色是，支撐並提供生物活動所需的動力來源。所以肌肉組織必須要有足夠的強韌度，才足以勝任這樣的工作。這也就是為什麼生肉的菜餚，如塔塔牛(steak tartar)，雖然選用的是質地最柔嫩的牛菲力，但廚師仍會將其切成小丁或切碎後食用。

　　肉塊幾乎都會經烹煮後才食用，生鮮的肉塊受熱後，不論是外觀或是質地皆出現變化。肉塊受熱後，脂肪的部份會因熱而軟化，有些甚至會溶化，蛋白質的部份受熱開始變性，讓肉塊的質地、保水性、肉色等皆發生明顯的改變。烹煮後肉塊是否美味，取決於其柔嫩度、多汁口感、肉塊的香氣、外觀等。影響肉塊美味的因素包括有肉塊**結締組織的含量**、**肌節的粗細**、**肉的熟成程度**、**脂肪含量**等。

　　肉塊受熱後的改變，看似單純、簡單，但背後隱藏著極為複雜的物理及化學上的變化。其中**蛋白質的變性**讓肉塊於烹調過程中變得非常複雜，以目前的科學研究，有些尚未能完全的得到答案，但許多的研究都已經證實，以50～60℃的低溫長時間的加熱烹煮肉塊，可以讓肉塊的**質地更為柔嫩**，同時**保有更多的汁液**。

　　本書將就肉類烹調相關的物理化學變化做說明外，也將探討為什麼低溫／真空烹調在肉類烹調上能夠佔有優勢。

第一節 肉塊結構性蛋白質受熱後之影響

　　肉塊受熱後，膠原蛋白及肌原纖維皆會出現**變性**的現象，除了造成肉塊的質地改變外，也會影響到肉塊的保水性、柔嫩度等。肉塊受熱後的種種變化，過程非常的複雜，例如膠原蛋白的收縮，會擠壓肉塊讓水份流失，不過膠原蛋白的水解，又會增進肉塊多汁的口感。

　　肌原纖維和膠原蛋白對肉質的影響彼此相關連，任何單一因素都無法完全的說明肉質柔嫩度及多汁性。此外，這些因素又進一步受到動物的**年齡**、**品種**、**部位**等影響。因此肉塊烹煮後的柔嫩程度及多汁口感，這些因素都必須同時一併考量。

肌肉結構性蛋白質受熱後的變化

　　肌原纖維和膠原蛋白是肌肉組織中主要的結構性蛋白質。二者都是由細小的細絲狀蛋白質分子所構成，這些絲狀的蛋白質分子於肌肉組織中，其分子的結構有**向外拉長延伸**的現象，藉由蛋白質分子間的**氫鍵**來維持此結構的穩定。因為氫鍵本身不強，受熱後很容易就被打斷。因此肌原纖維和膠原蛋白對熱的穩定性差，一旦受熱後，原本向外拉長延伸的結構就會出現收縮的現象。肉塊受熱後蛋白質的變性是二階段的過程：

- 第一步是蛋白質分子的立體結構被打開。
- 第二步是打開後的蛋白質分子彼此結合凝結。

　　這也就是說蛋白質分子間的氫鍵先被打斷，蛋白質分子間彼此碰撞，生成新的鍵結。當然溫度愈高，生成的鍵結愈強（不然會再度被打斷）。分子間結合愈緊密，造成肉質愈硬。

▲ 牛肉隨著溫度升高，肉色從紅逐漸轉灰

肌原纖維(myofibril)受熱後的變化

肌原纖維結構上主要是由肌動蛋白(actin)及肌凝蛋白(myosin)這二種蛋白絲(myofilaments)所構成。

肌動蛋白及肌凝蛋白受熱變性，容易造成肉質乾澀且硬。一些研究指出肌凝蛋白的變性溫度為40～60℃，對肉質的影響較不顯著。而肌動蛋白的變性溫度為66～73℃之間，對肉質硬化乾澀的影響就非常顯著。所以肉塊加熱至66℃以下，肌動蛋白尚未變性，肉塊可維持不錯的柔嫩度。

	變性溫度	肉質的硬化與乾澀
肌凝蛋白	40～60℃	不顯著
肌動蛋白	66～73℃	非常顯著

然而Martens et al.（1982）的研究也發現於64.5℃持續加熱3小時，會造成90%的肌動蛋白變性，讓肉質因而變硬。這與過去的研究認為肌動蛋白要達66℃以上才會變性，溫度低許多。換句話說，肉類的烹煮上，低溫加熱，一旦時間過長，還是可能會引發大量肌動蛋白的變性，對肉質造成負面的影響。

因此在低溫或真空烹調的操作上，若是以64℃以上的溫度加熱，達到殺菌的時間後，於短時間內就該從熱水中取出，不宜持續浸泡於熱水中太久，否則對肉質還是有負面的影響。若要長時間的加熱來軟化肉質，所用的溫度就必須低於64℃，盡可能減少肌動蛋白的變性。

肉類在真空烹調的溫度設定

高於64℃	達到殺菌的時間後，即從熱水中取出，不宜持續浸泡於熱水中太久，以免肉質硬化
低於64℃	能減少肌動蛋白的變性，可進行較長時間的加熱來軟化肉質

但若是富含結締組織，因有膠原蛋白水解成明膠的效益，可減少肉質乾澀的感受，故可容忍略高的加熱溫度或較長的加熱時間

膠原蛋白受熱後的變化

傳統上烹煮一塊運動量大、富含膠原蛋白的肉塊,加熱之初很快的就出現肉塊**縮小緊繃**的現象。隨著加熱的持續進行,原本緊繃的肉塊便**逐漸變得鬆軟**,最後肉塊會完全煮透,可輕易的叉子刺穿。這是由於肉塊於加熱的過程中,膠原蛋白的**變性**出現了二個重要現象:膠原蛋白的收縮及膠原蛋白的水解。

膠原蛋白的收縮

膠原蛋白在**53℃左右**開始變性,而變性的膠原蛋白分子會開始出現**收縮**的現象。這是因為直線型的膠原蛋白分子,有向外延伸拉長的特性,變性後容易出現收縮的現象。而肉塊的溫度愈高,愈多的膠原蛋白分子變性,收縮現象愈明顯。

50℃	膠原蛋白開始變性(收縮)	溫度越高,收縮越明顯
58℃	膠原蛋白收縮現象開始明顯	
65℃	一半以上的膠原蛋白已經收縮	
85℃	幾乎所有的膠原蛋白已經完全收縮	

基本上,膠原蛋白的收縮會隨著**溫度的升高**而加劇,除了會讓肉塊變得緊實外,也會造成**肉塊汁液的流失**。這是因為肌肉裡裡外外皆為膠原蛋白所包覆,膠原蛋白的收縮,便會對肌纖維壓擠,造成將其中汁液的流失。而且肉塊的溫度愈高,會有愈多的膠原蛋白收縮,肉塊汁液流失的量也愈多。汁液流失就會讓肉塊吃起來乾澀。

此種乾澀的口感可以從臺灣傳統宴席吃的筍絲滷腳庫為例,豬腿肉有油脂或筋的部份吃起來柔軟、嫩且溼潤,但瘦肉的部份,口感就顯得非常的乾澀或柴。

膠原蛋白的水解

　　膠原蛋白受熱後首先會出現**收縮肉質變硬**的現象，隨著加熱持續的進行，膠原蛋白纖維的網狀結構會開始逐漸的被破壞。這種結構上的破壞，一開始是膠原蛋白纖維分子間的氫鍵被打斷，膠原蛋白纖維分子間會從原本有次序、有架構的線性排列，變成分子間以無規則的方式彼此纏繞。

　　持續的加熱便逐漸生成具親水性的明膠，並吸附許多的汁液，原本緊繃的肉塊最後變得鬆軟，吃起來柔軟溼潤。特別是當富含膠原蛋白的肉塊以溼熱烹調法的方式烹煮，生成明膠的現象最為顯著。

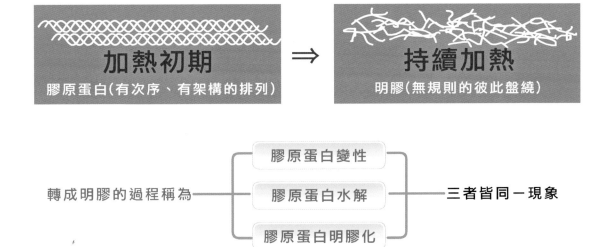

　　這個現象有多種不同的名稱，同樣都是指**膠原蛋白轉變成明膠**。膠原蛋白轉變成明膠的過程是個**不可逆反應**，一旦生成明膠後，就不會再回復變為膠原蛋白。許多研究都指出膠原蛋白在65℃～75℃之間就會開始變性水解。Martens et al則指出肌肉內的膠原蛋白受熱變性的溫度通常是在53～63℃之間。包覆於整塊肌肉肌外膜(epimysium)及韌帶的膠原蛋白，則約在70℃左右才發生變性。

Myhrvold et al指出膠原蛋白的水解是一種**化學反應**，其水解的速度受**溫度**的影響很大，溫度過低，我們幾乎感受不過水解反應的進行，而溫度增高10℃，水解反應可增快達4倍之多。因此傳統烹調只需2～4小時的燉牛肉，若改用低溫或真空烹調往往需16～48小時。

膠原蛋白的特性受到許多因素的影響，包括動物年齡、部位、品種、飼養方式等，因此膠原蛋白水解速度並沒有真正的被量測過。這也就是說膠原蛋白溫度達50℃以上，就會開始出現變性，但水解所需的時間會受加熱溫度來源、飼養方式等而有所差異。

膠原蛋白分子間的熱安定鍵結

膠原蛋白之所以可以被水解，是因為膠原蛋白分子間的鍵結並不耐熱，一般的加熱烹煮就會斷裂並逐漸的生成明膠，但當鍵結為熱安定者，其鍵結不會因受熱而斷裂，其網狀架構也不會因受熱而被水解破壞，所以**長時間的加熱**，對肉質軟化的助益有限。

這種膠原蛋白分子間的熱安定鍵結會出現於**年齡大**的動物結締組織中。動物隨著年齡的增長，其肌肉中膠原蛋白分子間會生成許多熱穩定的交叉結合鍵結(cross-links)，所以肌肉中的膠原蛋白無法因加熱烹煮而水解，肉質也不會因長時間加熱而軟化，反而會因膠原蛋白的收縮而變得更緊繃。

如表7-1所示年齡達10歲的豬，經水煮30分鐘，膠原蛋白的硬度持平，沒軟化的跡象。反觀5個月及18個月的豬，只需加熱2分鐘就開始讓膠原蛋白出現明顯的水解軟化現象。

表7-1　豬年齡對膠原蛋白加熱水解的影響

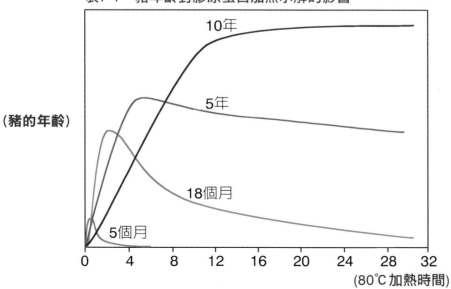

資料來源：Kopp and Bonnet, 1987

酸性食材有助於結締組織的水解

　　傳統的法式料理中，肉塊烹煮前經常會先**醃漬**，其中多半會有**酸性的食材**，例如葡萄酒、醋、檸檬汁等。加入酸性食材的主要目的就是要**軟化肉質**。例如法式紅酒雞(coq au vin)，傳統上用的是老母雞，所以製作上會先將雞浸泡於紅酒中隔夜藉以軟化肉質，但酸對結締組織含量低的肉塊(肉質柔嫩)，嫩化效果並不明顯。這是因為**酸主要是作用在結締組織上**。

酸對結締組織的影響

- 吸水膨大
  酸性環境下，結締組織容易吸水膨脹，強度因而減弱。對來自年齡較大動物的肉塊，其嫩化效果較顯著。

- 破壞膠原蛋白分子間部份的共價鍵
  酸可以破壞膠原蛋白分子間部份的共價鍵及特定的胜**肽鍵**，因而有減弱結締組織的效果。

- 膠原蛋白熱轉化溫度下降
  在酸性環境中，膠原蛋白水解成明膠的溫度下降。膠原蛋白的強度減弱，肌肉於加熱烹煮的過程中，膠原蛋白對肌纖維的壓力會降低，讓煮好的肉塊能保有較多的汁液。

　　軟化肉質用的的酸度以落在pH5～6之間為原則，酸度過高反而會讓蛋白質過度的變性，呈現出煮熟的質地，達不到讓肉質嫩化的效果。典型的例子就是南美地區的知名菜餚酸橘汁醃海鮮(ceviche)。其做法是將干貝、魚肉等海鮮，以萊姆汁醃漬，海鮮的外觀及口感就如煮熟一樣，因此酸度過高並不會讓肉的質地變得柔嫩。

蛋白質的變性與肉塊的保水力

　　生鮮的肉約含有65～75%的水份，其中約九成存在肌原纖維（myofibril）中之**肌絲與肌絲的間隙**中，為肌肉細胞的一部份，其中約5%的水是被蛋白質所吸附的結合水(bound water)。這也就是說肌肉蛋白質的親水基對肉塊的保水性之影響相當有限。肌肉中大部份的水是藉由虹吸作用(capillary force)而存於肌肉之肌原纖維中，這些水就是所謂的束縛水(entrapped water或immobilized water)。

　　肉塊烹煮時水份的流失，少部份的原因是由於肌肉蛋白質的變性，讓原來與肌肉蛋白質結合的水(bound water)被釋放出來成為游離水(free water)所致。水份流失的主要原因是**肌肉的收縮**，導致整個肌肉的間隙及肌肉的架構改變，肌肉中的束縛水受壓擠而流失，而造成肌肉收縮變形最大的因素就是**膠原蛋白受熱後的收縮**。

　　就細部的變化來看，當肉塊溫度達到38℃時就會開始出現肌原纖維變性的情形，肌原纖維中的水份開始往肌束間的縫隙移動；當肉塊溫度達到54℃開始出現肌肉的變形，到了70℃整個肌肉的間隙及肌肉的架構都會發生明顯的改變，造成肉塊中大量的束縛水流失，而肉塊的水份流失，也代表水溶性的養份流失。

肌肉中的水份

存在於肌肉中的水份計有三種類型：
- 結合水（bound water）
- 束縛水（entrapped water或immobilized water）
- 游離水（free water）

　　由於水分子帶有極性，它會與具極性的蛋白質分子彼此吸引並緊密的結合成一體，無法自由移動，稱為「結合水（bound water）」。不過肌肉中結合水所佔的比例並不高，約只佔肌肉中總含水量的4～5%。

　　肌肉中還有一部份的水是受到結合水的引力或是陷於肌肉組織的間隙中，所以也無法任意游動，稱之為束縛水（entrapped water或immobilized water）。然而這些水並非真正的與蛋白質結合，所以容易因肌肉狀態的改變，而轉變成為游離水（free water）。游離水指的是僅藉微弱的結合力或肌肉組織本身的物理作用，而存在於肌肉中的水。

　　從廚藝的觀點來看，肌肉中水含量的多寡並非是重點，如何能將這些水保留在肌肉中才是關鍵，因此動物從宰殺、僵直、解僵到販售這些過程都須相當小心的掌控，讓束縛水轉變為游離水的情形降至最低。

烹調上的運用

　　傳統的烹調往往是以**高溫**來加熱烹煮肉塊，最明顯的問題就是**膠原蛋白受熱後快速的收縮**。膠原蛋白的收縮速度遠**快於**水解成明膠的速度。特別是當將肉塊快速的加熱到65℃以上，膠原蛋白即刻出現明顯且快速的收縮，肉塊會流失相當多的汁液，肉塊因而變得乾澀。

　　因此若以**低溫**或讓肉塊的溫度能緩慢上升，讓更多的膠原蛋白有時間可以水解成明膠，除了有助於肉質的軟化，也可減緩膠原蛋白的收縮，如此便可減少肉塊汁液的流失。不過加熱烹煮的溫度愈低，需要更長的時間才能水解足夠量的膠原蛋白。

不同的加熱方式	肉 塊 的 變 化 情 形
快速加熱到65～85℃之間	▪膠原蛋白會有明顯，且快速的收縮 ▪肉塊有較多的汁液流失，肉質變硬
低溫烹調或讓肉的溫度緩慢上升	▪讓更多的膠原蛋白，轉變成明膠 ▪有助於肉質的軟化 ▪減少膠原蛋白的收縮，肉汁能保留更多

　　從膠原蛋白和肌原纖維受熱後的變化來看，膠原蛋白開始水解的溫度低於肌動蛋白的變性的溫度。因此烹調上若要讓肉塊達到最為柔嫩多汁的境界，只要將加熱的溫度高到能讓膠原蛋白水解，但溫度必須低於肌動蛋白變性的溫度，如此一來便可讓肉塊中的膠原蛋白水解軟化，並將肌動蛋白的影響降至最低。

　　若以55～60℃的低溫長時間加熱，加熱之初受到肌凝蛋白(myosin)變性及膠原蛋白收縮之影響，肉質會略微變硬，隨著加熱的持續，膠原蛋白逐漸水解，肉質也隨之漸漸軟化，加熱時間可長達3～12小時。

　　就肉質柔嫩的肉塊而言，其膠原蛋白原本就相當的脆弱，烹調上可以完全忽略膠原蛋白的存在。所以質地柔嫩的肉塊，只需將肉塊煮至所需的熟度即可。因此不論是肉質堅硬或柔嫩的肉塊，皆可藉由低溫烹調，達到柔嫩多汁的肉質。

第二節 肉塊的多汁與滑嫩口感

　　肉塊嚐起來在口腔中有「多汁」的感覺，可以區分成二大類型：多汁的口感(juiciness)及滑嫩的口感(succulent)。

　　這二種口感分別代表著二種全然不同的肉質及烹調方式：

多汁的口感（Juiciness）

　　多汁的口感往往是用來描述**質地柔嫩**的肉塊，經適當的烹調後，嚐起來質地柔嫩且充滿著肉汁。肉塊要能夠柔嫩多汁，必須是分切自動物柔嫩部位(活動量低的部位)，其他會影響到肉塊多汁口感的因素，包括有油花的多寡、肉塊是否經熟成、肉塊是否經過醃漬處理等。但是要讓肉質柔嫩部位的肉塊能夠呈現出多汁的口感，最重要的關鍵就是肉塊烹調時其所達到的「溫度」。雖然將肉塊真空包裝後再去烹煮，可以降低汁液於烹調過程中的蒸散，但這對汁液流失的影響仍相當有限，而「**高溫**」才是造成肉塊汁液流失口感乾澀的關鍵因素。

能讓肉塊有多汁口感的因素

烹調技巧
肉的分切部位
肉的等級
肉的品質
油花的多寡
肉塊的熟成
醃漬處理
肉塊烹調時所達到的溫度

滑嫩的口感(succulence)

分切自**活動量大**、**質地堅硬**的肉塊，以**溼熱方式**長時間的加熱烹煮，可以讓肉塊變得入口即化、溼潤滑順，但這種溼潤滑順的口感，與肉質柔嫩的肉塊所料理出的多汁口感並不相同。

質地柔嫩的肉塊，其多汁口感來自肉塊中的**自由水**，然而質地堅硬的肉塊經長時間烹煮後，肉塊中的自由水，早就因膠原蛋白的收縮而流失，取而代之的是**膠原蛋白**，因長時間的受熱而轉變成明膠和水。當我們咬下肉塊時，可以輕易的將肌肉纖維咬散，有入口即化且滑嫩的口感，這種滑嫩的口感是一種混合明膠、脂肪、口水所產生令人愉悅的多汁滑順的口感。

相反的，質地柔嫩的肉塊，含少量的膠原蛋白，長時間的加熱，膠原蛋白轉化成明膠和水的效益並不明顯，反而容易造成肌原纖維過度的變性，讓肉塊變柴、口感乾澀。

此外，質地較硬的肉塊通常吃起來風味比較豐富，這是因為運動部位的肉通常分布有較多的油花，油脂含量較高的食物，會刺激食慾，引發更多口水的分泌。另一個重要的讓肉塊風味豐富的原因，那就是粗大的肌纖維中，其肉汁中含有較多量的小分子成份會刺激味蕾。包括有鹽、醣份、胜肽、核苷酸等。這些小分子遇高溫會轉變成我們所熟悉的肉香，這也就是為什麼臺灣人較喜歡食用這類型的肉。

肉塊中的油脂

根據Saffle及Bratzler(1959)的研究指出，肌肉中油花的含量愈高，肉的保水性(water-holding capacity)愈佳。這也就是為什麼質地較硬的肉，因脂肪含量較高，烹煮至全熟後還能有保有一定汁液的原因之一。同樣的道理，等級愈高的肉，其肌肉中含有較多的油花，烹煮後肉塊中可以保有較多的肉汁。

肉塊溫度與肉塊汁液的流失

　　烹煮肉塊時，肉汁流失的主要因素是包覆於肌纖維束、肌束、及肌肉外層的膠原蛋白受熱收縮，擠壓肉塊，造成肉汁的流失，小部份的原因是肌肉纖維變性凝結，導致保水力降低。

　　要能了解肉塊受熱後水份流失的問題，廚師必須要能夠了解肉塊於不同溫度下，肉塊中所發生的變化，因為它們直接影響到肉塊中水份的變化。Bendall and Restall (1983) 綜合過去許多相關的研究，歸納出燉煮肉塊汁液流失的四個階段：

■ 第一階段　40℃
當肉塊溫度達到40℃，肌纖維中的蛋白質開始變性，肌節的部份開始瓦解，原本處於繃緊狀態的肌節逐漸鬆弛，加上包覆於肌纖維外的膠原蛋白逐漸硬化，對肌纖維內部造成一定程度的擠壓作用，因而會有少量的肉汁從肌纖維滲出。肉塊的溫度於53℃之前，肉汁從肌肉纖維滲出的情形緩慢且不顯著。

■ 第二階段　53℃以上
肉塊溫度達到53℃以上，肉汁的流失就逐漸加快，特別是在58℃～60℃之間流失明顯的加快。其主要原因是受到包覆肌纖維的肌內膜(endomy-sium) 的收縮，導致肌纖維的直徑縮小所致。肌纖維受到擠壓後，其中的汁液便會滲出(Sims and Bailey, 1992)。此階段的肉塊嚐起來仍相當多汁。

■ 第三階段　64℃～90℃
溫度達到64℃～90℃之間，肌肉裡裡外外的膠原蛋白皆出現收縮的現象，除了讓肌纖維的直徑縮小外，長度也會縮短。65℃時有一半以上的膠原蛋白收縮，肉汁流失量相當顯著，到了85℃時，幾乎所有的膠原蛋白都已經完全收縮，肉塊已經呈現乾澀、堅硬的情形。肉汁真正的流失量還會受到肉塊的厚薄度影響，肉塊表層所滲出的汁液，於加熱過程中很容易的就會散失，肉塊深層部位滲出的汁液則較不易流失。所以肉切成薄片，其肉汁流失的情形會比厚切的肉片明顯。

■ 第四階段　90℃以上
當溫度達到90℃以上時，肉塊長度的收縮最多可以達到30%，水份的流失可以高達70%。然而收縮的多寡則取決於肌肉中肌束膜(perimysium)的含量。

肉塊水份的流失～重量的耗損及食物成本的提高

　　肉塊受熱後水份的流失，除了對肉塊的多汁口感及菜餚品質有負面的影響外，也會造成重量上的損耗，增高食物的成本。肉塊的中心溫度愈高，肉塊中的水份流失量愈多，肉塊重量耗損愈多，食物成本也愈高。

　　Fjelkner-Modig（1986）的研究發現，將豬里肌肉的中心溫度從68℃提高到80℃，肉塊的損耗會從15%增加至20～30%。只要將肉塊的中心溫度保持在65℃以下，就可以將肉汁滲出的情形降至最低。加熱的過程中，肉塊若處於相對溼度較高的環境中，也能夠有效降低肉塊中水份的蒸散（Goñi and Salvadori, 2010），而真空烹調能讓肉塊保有更多的汁液，主要的關鍵是低溫加熱，加上真空密封，水份流失的問題相較之下會減少。

　　此外，James and Yang（2012）比較真空烹調方式及傳統的爐烤(oven)方式對肉質影響的差異如表7-2所示。他們分別將牛臀肉以真空烹調60℃恆溫加熱；及以200℃的烤箱溫度，將牛肉烤至中心溫度達70℃，然後比較二者的差異。其中真空烹調方式烹煮的牛臀肉，不論在柔嫩度及肉汁的流失上，皆遠勝於傳統的爐烤方式。

表7-2　傳統爐烤及真空烹調對牛肉重量損耗之差異

烹調方式	溫度（℃）	時間（分）	重量損耗（%）
爐烤	200	15	31
真空烹調	60	60	19

資料來源：James and Yang, 2012

　　以真空烹調方式烹煮的牛肉，肌原纖維(myofibril)的變性及膠原蛋白的收縮情形較小，汁液的流失量少許多。與傳統爐烤的牛肉比起來，汁液流失量約減少19%。這些保留下來的汁液，有助於肉塊中膠原蛋白的水解，特別是包覆肌原纖維束的肌內膜(endomysium)之水解更是明顯。肉塊經長時間低溫加熱，其膠原蛋白之水解程度，與傳統溼熱烹調方式的水解程度相近似。這也就是說，真空烹調的低溫加熱，同樣也可以有傳統入口即化的口感。

第三節 食物的風味

　　鼻腔內的一些**腺形體**為人的嗅覺器官。讓我們品嚐食物時，能夠感受到食物的風味。這些線形體是從腦部的嗅球(olfactory bulb)處下垂至鼻腔頂部。香氣或氣味是一種氣化的化學物質，刺激嗅覺器官的接受器，氣味的刺激方式有二種：1.藉由呼吸從鼻孔進入；2.口腔咀嚼食物時進入。

　　我們品嚐食物時，食物放入口中、在口中咀嚼的感覺、咀嚼所產生的氣味、吞嚥、最後口中的餘味，過程中會同時出現有三種的感覺：
- 嗅覺
- 味覺
- 觸覺(質地、溫度等)

　　其中的嗅覺及味覺傳遞到腦部後，綜合後給人的感受稱為：食物的風味。所以食物風味的感受並非是單一的機制，食物若不是透過**嘴巴品嚐**，不能稱為風味，靠鼻子只能算是氣味或香氣。

　　味覺或嗅覺都必須透過口鼻內表面的接受器與物質發生化學結合，我們才能有味覺或嗅覺的反應。

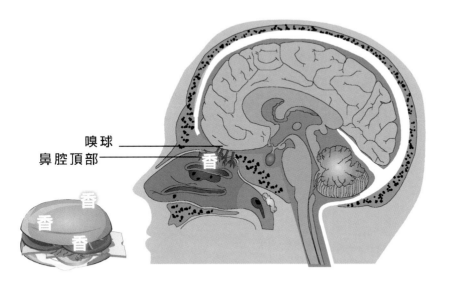

嗅球
鼻腔頂部

氣味的刺激方式：
1.呼吸時從鼻孔進入
2.口腔咀嚼食物時進入

　　舌頭為人體的味覺器官，舌頭上的味蕾為專司味覺的接受器。味覺有酸、甜、苦、鹹四種，而舌頭上各部位對味覺的敏感度並不完全相同；通常舌尖對甜味最敏感，鹹味及酸味則是舌兩側最敏感，而舌根則較易感受到苦味。

鮮甜滋味

　　當食用肉類或海鮮時，溶於肌細胞液中多種微量的**小分子**，會刺激口鼻中的接受器，讓我們產生味覺。這些小分子包括有片段的蛋白質、鹽、糖、核酸等。海生動物的肌肉比陸生動物含有更多的小分子，因此風味好許多。

陸生動物肌肉的小分子

- 含量非常微量，生肉風味非常淡
- 小分子讓煮好的肉略帶鹹味
- 生鮮紅肉具有大量的肌紅蛋白(肌紅蛋白含有多量的鐵)，因而會略帶有金屬味

海 生 動 物 的 微 量 小 分 子

生肉的風味	比陸生動物的生肉風味要好許多
風味較佳的原因	含有較多量的各種小分子來平衡生活週遭高鹽濃度的海水
小分子的功能	確保從肌肉細胞所流出與流入的水速度能達到平衡，以免脫水死亡
魚腥味的原因	分子中的三甲基胺氧化物，容易與魚肉中的脂肪酸起反應

　　有些海鮮中，特別是甲殼類及軟體動物，含有一些具鮮甜滋味的胺基酸，包括具鹹味的麩胺醯酸(glutamine)及具淡淡甜味的甘胺酸(glycine)，這種特別鮮明的鮮甜滋味被日本人稱為「umami」。

	麩 胺 醯 酸	甘 胺 酸
滋味	鹹味	淡淡甜味

★這種鮮甜滋味被日本人稱為umami

　　肉類及海鮮中所含的**脂肪**，對風味的提升也有重要的影響。溶化的脂肪，在嘴裡產生濃郁、令人愉悅的感受。更重要的是，脂肪被分解後，能產生增進食物的香氣物質。特別是熟成的牛肉中，部份的脂肪被分解，產生多種不同的風味物質，其香氣種類包括有堅果、奶油、乳酪、果香等。

味精及相關鮮味劑

　　味精的主要成份為麩胺酸鈉(Monosodium Glutamate，簡稱MSG)。味精於水解離為鈉離子和麩胺酸鹽離子。麩胺酸是一種胺基酸，鈉則是一種電解質，兩者皆存在於人體中，並沒有含對人體有害的成份。美國食品藥物管理局在1995年公佈研究報告指出，食用正常消費量的味精是安全的，也沒有導致慢性疾病的證據。

　　味精源自日本，最早是由海藻提煉而來，現今則多以澱粉之類的原料，經生物科技取得，味精的鮮味是來自麩胺酸鈉(MSG)。新鮮食材中以昆布、乳酪、洋蔥、番茄含量較豐富。此外另有二類鮮味劑，提鮮效果比味精佳：

- ■ 肌苷酸(inosine monophosphate，IMP)
  主要是柴魚、雞肉、豬肉、牛肉當中所含的成份
- ■ 鳥苷酸(Guanosine monophosphate，GMP)
  乾香菇、松茸等菇菌類中含量較豐富

　　鮮味劑混合使用時會有加乘效應，提鮮的效果更好。市售的「高鮮味精」便是添加了這兩種核苷酸。高湯塊中，也都同時混有不同的鮮味劑。
　　此外，廚師可藉由熬煮高湯，將魚、家禽、牛等之骨頭及碎肉中的蛋白質等成份分解，生成游離的胺基酸和核苷酸，刺激舌尖上的味蕾，讓我們嚐到鮮甜的滋味。

高溫與肉香的產生

生鮮的肉吃起來風味相當平淡，具淡淡的鹹味，有些還會略帶金屬味。然而肉類經加熱烹煮後，會生成令人愉悅的香氣。這是因為肌肉中的小分子成份，經**高溫**所生成我們所熟悉的肉、海鮮等食材特有之香味，這種**香氣**主要是來自**梅納反應**及**脂肪的裂解**。

但不論是梅納反應或是脂肪的裂解，都涉及到非常複雜的反應，所生成的物質成為肉塊烹煮後香味的由來。其中裂解的脂肪，生成數百種揮發性物質，產生濃郁且獨特的肉香。肉塊中油脂的成份，讓不同動物的肉塊，烹煮後呈現出其獨特的風味。**加熱時所用的溫度**，也會影響到這些風味物質生成量的多寡。以高於180℃加熱所產生香味物質的量，高於以165℃以下的加熱溫度。

雖然高溫有助於肉塊香氣的生成，但**溫度超過180℃時**，肉塊同時也會出現**焦碳化**反應。少許的焦碳化可以讓食物帶有焦香味，但過多則會讓食物帶有苦味，對菜餚的品質反而造成負面影響。

這些遇熱會轉變成為香氣的小分子，從動物宰殺後便逐漸的增多。這是因為宰殺後的動物，其體內的天然**酵素**仍會持續的活躍且不再受約束，這些酵素便開始將肌肉中的蛋白質、脂肪等分解，肉的柔嫩度及風味得以提升。蛋白質被分解生成胺基酸、胜肽或一些片段的蛋白質，分解後的蛋白質有助於肉塊香氣的提升。其中游離胺基酸中所含的麩胺酸可增進肉塊的甘味(umami taste)。

分解後的脂肪生成新的香味成份，加熱烹煮時便會產生濃郁的肉香(flavor of meat)，並提升肉塊整體的風味，而牛肉熟成其目的就是要讓酵素有更多的時間作用於牛肉，以便生成更多的小分子來提升牛肉的風味。

動 物 宰 殺 後 的 體 內 變 化	
肌肉中的小分子	逐漸的增多
體內的天然酵素	·持續活躍、不受約束 ·開始將蛋白質、脂肪及其他的分子分解
蛋白質分子	·被分解生成胺基酸、胜肽或一些蛋白質片段 ·分解後的蛋白質，有助於味覺的提升
脂肪	·分解後的脂肪，生成新的香味成份 ·加熱烹煮時產生濃郁的肉香，提升肉塊風味

　　肉類烹煮加熱之初，酵素會隨著肉塊溫度的上升而加快其分解速度，直到**酵素變性**(酵素本身也是一種蛋白質)為止，變性之前，酵素的作用將達到最高峰。因此肉塊受熱之初，那些有助於增進肉塊風味的小分子，數量會迅速增加。隨著脂肪的溶化，各種香味生成的反應快速的進行，肉塊散發出濃郁的肉香。

　　持續的加熱烹調，香味生成的反應持續的進行，但有助於提升肉塊味覺(taste)的小分子，卻因涉入到香味的生成反應，因而逐漸的消失。胺基酸、胜肽、醣類(單醣、複雜的碳水化合物等)、核苷酸、鹽、油脂等彼此交互反應，生成種種的香味物質，混合後呈現出我們所熟悉的肉香。

　　這也說明了為什麼七分熟的牛肉香氣較三分熟佳，但口感上的感受會比較差。同樣的道理就是食用生的軟絲，在嘴裡的感覺非常的鮮甜，將其碳烤時可以聞到濃郁的香氣，但烤熟後鮮甜的口感消失一大半。

加熱初期
- 酵素的反應會隨著肉塊溫度的上升而加快，直到酵素的蛋白質變性為止
- 有助於增進肉塊風味的小分子數量會迅速增加
- 隨著脂肪溶化，各種香味生成的反應快速進行，肉塊散發出濃郁的肉香

持續加熱
- 香味生成的反應，持續進行
- 提升肉塊味覺的物質，因為參與香氣生成反應，逐漸的消失
- 肉煮越熟，味覺的感受就會比較差

牛肉的熟成與酵素的作用

牛肉的熟成必須在低溫下進行，以避免細菌的滋長，因此酵素的作用非常緩慢。牛肉於冰箱中熟成7～10天後，才會感受到肉質的柔嫩度增加，一般是28～35天牛肉才能算熟成完成。熟成後的牛肉其嫩度及風味會明顯的提升，至於多汁的口感則較不明顯。但有研究顯示牛肉熟成超過3星期，牛肉會開始出現肝的氣味。不過根據Jeremiah and Gibson（2003）的研究，牛肉的熟成在28天內，這種帶有肝的氣味，對牛肉品質的影響相當有限。

牛肉的熟成方式可分成二種：乾式熟成和溼式熟成。

- 乾式熟成的牛肉，表層會因水份的蒸散而變得乾硬。可有效阻隔肉塊內部水份繼續的蒸散，肉塊的內部仍可保有生鮮牛肉般的質地。乾硬的外皮無法食用，必須加以切除，造成耗損。
- 溼式熟成則是肉塊從屠宰廠分切包裝後，從運送、上架，一直到消費者買回家，肉塊一直保存於包裝袋中，烹煮後牛肉的熟成才終止。肉塊不會生成硬皮因此不會有耗損，風味上遠遜於乾式熟成。

低溫／真空烹調加熱的溫度低，所以肉品的升溫緩慢，讓酵素有更多的作用時間，因此有助於肉質的柔嫩，但這種效果並非適合於所有的肉品。蛋白質分解酵素的作用，若過頭反而會讓肉變得軟爛缺少口感。

一般而言，大多數的紅肉，蛋白質分解酵素作用的速度極為緩慢。白肉類如豬肉、家禽及大部份的海鮮，酵素的作用則非常快速，容易讓肉過度柔嫩而變得軟爛。例如龍蝦以真空烹調方式60℃加熱，煮出的龍蝦肉不會有Q彈的口感，吃起來是偏鬆軟的口感。

真空烹調與肉塊的甘味（Umami）

真空烹調法對肉塊的甘味容易造成負面的效果。根據Ishiwatari et al.（2013）的研究指出肉塊中與甘味相關的肌苷酸（IMP），在長時間的低溫加熱過程中，會被酵素分解，其量明顯的減少。其研究發現肉塊加熱到40℃左右，肌苷酸的分解速度達到最高。但若以70℃加熱肌苷酸減少的量會少許多。這是因為高溫破壞分解肌苷酸的酵素，使較多量的肌苷酸可以被保留下來。這意味著真空烹調以低溫加熱，肉塊中肌苷酸的含量會大幅減少。本人曾經在學校的宴會中，以真空烹調方式將熟成牛肉煮至五分熟，煎出來的牛排幾乎感受不到熟成牛肉該有的濃郁肉香及鮮甜味。

梅納反應

　　食物以高溫加熱的另一項重要的香味生成反應就是梅納反應。梅納反應是食物中醣類與和蛋白質之間的一種化學反應，生成**褐色的色素**，所以又有褐化反應之稱。食物的褐化反應不只一種，焦糖化反應也是另一種常見的褐化反應之一。

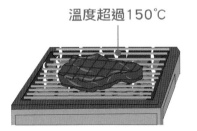

溫度超過150℃

食物的褐化反應不只一種，焦糖化的反應也是另一種常見的褐化反應

　　梅納反應的重要性並非在於顏色，生成**愉悅的香味**才是重點。食物中的梅納反應所生成的香味，遠比焦糖化產生的風味更為複雜、豐富。因為它牽涉到食物中普遍存在的醣類和蛋白質中所含的胺基酸，於**高溫**下所產生非常複雜的化學反應，生成超過1000種以上香味的分子。

── 梅納反應的豐富風味來源 ──

食物中醣類和蛋白質中的胺基酸，在高溫下產生複雜的化學反應，生成多種香味的分子

　　許多食品的香味也和梅納反應有關，如咖啡、茶、黑啤酒、烤肉等。這也就是為什麼許多燉或燴的菜餚，會先以高溫將肉塊等食材**煎上色**，然後才加入液體，梅納反應的香氣能增加菜餚風味的深度及複雜度。

　　食物中幾乎都同時含有醣類和蛋白質，經長時間的貯存或加熱，梅納反應就會發生。然而梅納反應通常都需要在高溫下(150℃以上)，才能於短時間內迅速的產生足夠量，讓我們可以品嚐出其香氣及看得見焦黃色。如此一來梅納反應區隔了溼熱烹調法(水煮、低溫水煮、蒸)與乾熱烹調法(煎、烤、燒烤、炸)。

　　以溼熱法所烹煮的菜餚，溫度不會高於100℃，因此不會有褐化的現象。只有以乾熱的烹調方式，藉由高溫將食物表面快速的乾燥脫水，讓表面的溫度迅速上升，梅納反應得以快速的發生。

　　影響梅納反應速度的關鍵因素有二：乾燥與溫度。

乾熱的烹調方式

食物迅速上色 → 梅納反應

高溫將食物表面快速脫水

　　實例：

煎肉時必須把肉表面擦乾才下鍋

- 當溫度超過180℃時，焦碳化反應也開始進行
- 少許的焦碳化可讓食物帶有少許的焦香味，但過多會讓食物帶有苦味

肉塊pH值對風味生成的影響

　　肉塊的pH值會影響梅納反應的速度及香味物質的生成。提高食物的pH值可加速梅納反應的進行，反之酸會延緩梅納反應的發生。提高肉的pH值也可增加梅納反應香味物質的生成，提升肉塊烹煮後的香味。

　　中餐廚師快炒前，習慣上會先將肉、海鮮等食材先醃過，而醃料中通常都會有蛋白或小蘇打等**鹼性**的成份，鹼性的醃料有助於菜餚於快炒的過程中，很快的讓食物上色並產生香味。

　　相反的，**酸**則會**延緩梅納反應**，這也就是為什麼以酸醃漬後的食物，上色效果變差的原因。此外，食物浸泡於醃液中，肉塊表層中的醣份會滲出，肉塊中的水含量增高，進一步稀釋肉塊中剩餘的醣份及蛋白質，烹調時容易導致肉塊上色不易且不均勻。

▲ 醃漬過紅酒的雞肉，上色不易均勻

　　最簡單的處理方法就是在醃液中加入糖(如葡萄糖、果糖、麥芽糖等)。北平烤鴨爐烤前會先塗抹麥芽糖水(俗稱鴨皮水或糖醋水)，讓烤好的鴨外皮呈現出豔麗的焦黃色。

▲ 烤鴨進烤箱前會刷上鴨皮水

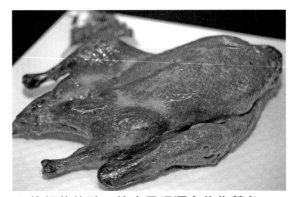

▲ 烤好的烤鴨，外皮呈現漂亮的焦黃色

第四節 肉塊受熱後顏色及外觀上之變化

　　生鮮的肉類外表光亮、略帶少許的透明感，這是因為肌肉中含高比例的水，讓光可以略微滲入才被反射出來。生鮮的肉類顏色從粉白、粉紅、鮮紅、紅中帶黑皆有。肉色上的差異，反應出肌肉中肌紅蛋白(myoglobin)含量的多寡，因為肌紅蛋白的功用是負責攜帶氧氣給肌肉組織，肌紅蛋白含量愈高，代表肌肉組織需要愈多的氧氣，也代表著肌肉的活動力愈大。反之，肉的活動量愈少，肌肉中肌紅蛋白含量愈低，肉色則偏白。

　　同樣的，魚類的肉色也反應出不同程度的活動力。魚類的活動力愈大，游動量愈大，肉質的顏色也愈深。此外魚肉顏色愈深，通常脂肪含量較高，魚肉中的酵素也愈活躍，以便可以快速的分解魚肉組織，提供魚游動所需的能量。對廚師而言，活動量大的魚類，魚腥味較重，較容易腐敗、不易久藏。

　　對魚類而言，肌紅蛋白是肌肉中最主要、但非唯一的色素。有些動物的肉色會受其所攝取的食物影響。如鮭魚和鱒魚的橘紅肉色，主要是來自它們所獵食的甲殼類海生動物，這些甲殼類中含有橘紅色蝦紅素(Astaxanthin)，而這些色素累積魚的肌肉中，使其肉帶橘紅色。雖然還有許多海洋生物也會獵食甲殼類海生動物，但所攝取的蝦紅素多半會完全被排除掉，有些則出現在表皮或其他的器官上。

肉塊受熱後肉色的變化

肉塊受熱後肉色會逐漸的改變，肉色的轉變可以從二方面來看：

■ 蛋白質的凝結

肉塊受熱後，**蛋白質的變性凝結**，造成光線無法透入，外觀逐漸由光亮轉變乳白色，隨著溫度的升高，愈多的蛋白質變性凝結，乳白色會更明顯。對陸生動物而言，肉約在50℃左右，開始可看出肉色的轉變；對大多數的海鮮而言，這個溫度略低，約在40℃左右。因為海鮮類所生活的環境通常較為冰冷，導致其蛋白質對熱較敏感，對熱的穩定性較差，只要溫度稍高就出現變性的情形。

  ■ 陸生動物：蛋白質變性的溫度約在50℃左右
  ■ 海洋生物：蛋白質變性的溫度約在40℃左右

▲ 55℃的豬里肌外觀似生肉

▲ 55℃的鮭魚至少達五分熟

■ 肌紅蛋白的變化

肌紅蛋白會在60℃左右開始變性，並與鄰近的其他蛋白質分子發生凝結，造成肉色永久性的改變。肌紅蛋白含量高的肉塊，變性後的肉色，比生鮮時的肉色深許多，但肌紅蛋白含量低的肉塊，受熱後肉呈乳白色，變化較不顯著。

▲ 雞胸肉肌紅蛋白含量較低煮熟後肉色偏白

真空烹調對肉色的影響

　　肌紅蛋白中的鐵原子和氧結合與否，會讓肌紅蛋白呈現出來的紅色略有差異。有氧的狀態下，**與氧結合**的肌紅蛋白呈鮮紅色，**無氧**的肌紅蛋白呈深紅紫色，稱之為去氧肌紅蛋白。因此生鮮的肉塊在低氧的真空包裝袋中會呈紫紅色。從真空包裝袋取出15～20分鐘，肌紅蛋白重新與氧結合，肉色轉變為鮮紅色。

　　去氧肌紅蛋白低溫加熱時，其穩定性佳，長時間的加熱對肉色的影響有限。因此肉塊以真空烹調方式烹煮，真空包裝隔離了氧氣，對肌紅蛋白有一定程度的保護。以60℃以下溫度加熱的真空烹調牛肉，可持續加熱數小時，肉的色澤改變並不明顯(可達6小時以上)，烹煮完成的牛肉經常帶些許的櫻桃紅。

　　真空烹調的豬肉，以58℃恆溫加熱6、12、18小時，肉色上的差異有限。除非時間夠長，才會讓肉明顯看出有比較熟的肉色，這是因為肌紅蛋白的變性也屬於一種化學反應，因此溫度低於60℃時，時間要夠長，才可以看出肉色的改變，加熱的溫度愈高，肉色隨著時間的改變愈明顯。

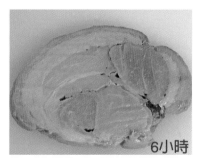  

豬腳以58℃加熱6、12及18小時，肉色差異不大

 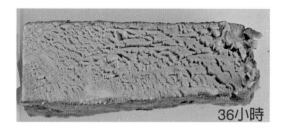

牛肉以58℃加熱6及36小時，肉色明顯不同

　　以真空烹調方式料理牛肉時，容易造成牛肉熟度上的誤判。特別是當廚師以60℃以下的加熱溫度來製作3～5分熟的牛肉，真空密封讓牛肉處於低氧狀態。同時加熱的溫度雖然不高，但足以讓原本與氧結合的肌紅蛋白中的氧釋放出來。去氧的肌紅蛋白顏色較深，讓肉塊看起來顏色較深，甚至會有略帶灰色的感覺，容易讓人誤以為肉已經是7分熟（會讓第一次接觸的廚師嚇一跳）。但只要重新暴露於空氣中，溫度略降後，去氧的肌紅蛋白再度與氧結合，牛肉很快就會再度呈現出亮麗的粉紅或紅色。

肌肉纖維

　　肌肉中的肌肉纖維受熱後嫩度就會開始降低。明確一點的來說，**加熱初期**直到62℃為止肌肉纖維的**寬度會收縮**；而肌肉纖維的**長度**約從55℃開始收縮。肌肉纖維經加熱收縮變窄後，保水性也會降低。

　　牛肉於不同溫度範圍的變化：

45～50℃

　　當肉的溫度達到38℃以上時，肌纖維中的水份開始流動並累積於肌肉細胞中。**40℃肌原纖維會開始變性**，這些肌原纖維開始彼此結合，逐漸的凝結變硬。隨著溫度的上升，變性凝結現象隨之增加。但肌原纖維在50℃之前變性凝結的情形仍相當有限。包覆在肌纖維外的膠原蛋白，受熱而收縮的情形也不明顯。因此肌纖維並沒有受到明顯的擠壓作用，肉塊中的水份流失緩慢且有限。
　　當肉塊的溫度達到45～50℃之間，這階段的肉稱為blue。此時把肉切開會呈藍紫色或紫紅色。肉塊的中心觸摸起來非常柔軟、感覺溫溫的。

50～55℃

　　肉塊持續加熱，溫度達到50～55℃時，肌肉纖維中的肌凝蛋白變性斷裂，生成新鍵結而有凝結的情形，此時肉看起來略帶乳白色，質地些許硬化。
　　在這階段會有更多的水累積在肌肉細胞中，同時會有更多的脂肪溶化。肉塊在這階段稱為三分熟，切開會有許多的鮮紅色的血水流出，中心部份溫熱。
　　膠原蛋白在52.5℃以上開始有較顯著的**收縮**，讓肉塊中水份流失的速度隨著溫度上升明顯的加快。

56～60℃

　　肌肉纖維中大部份的**肌凝蛋白都已經凝結**，讓肉帶有些許的乳白色，肉塊質地有些許的硬化，輕壓肉塊會有輕微回彈的感覺。

　　此時肉塊約達四分熟程度。肉切開會呈鮮紅色，同時會有許多的肉汁流出。肉還是相當柔嫩多汁。

61～65℃

　　當肉塊的溫度超過60℃，肉塊中的膠原蛋白會逐漸的收縮、軟化、溶化。

　　膠原蛋白的收縮會把水份從肌纖維中擠出。隨著肌肉中更多的蛋白質凝結，肉塊顏色變得更乳白、質地也更硬，同時吃起來較為乾澀，此階段的肉稱為五分熟，肉切開會呈粉紅色，輕壓肉塊會感到些許阻力，肉塊烹煮至此階段已經流失相當多的汁液。

　　肌肉中的紅色色素～**肌紅蛋白**，於溫度達到60℃**左右開始變性**，顏色呈淡褐色，隨著持續的加熱，其顏色轉成灰色。

65～70℃

　　在此階段肉塊持續的硬化、脫水及收縮，肉塊切開後中心部份只帶有**少許的粉紅色**，輕壓肉塊感覺相當的硬實。

　　此階段肉塊達七八分熟。

71℃ 以上

　　當溫度達到71℃以上，肉塊達到全熟階段，肉塊從內到外皆呈灰色，此時肉塊的質地硬實、不再有多汁的口感，將肉切開僅有極少量的肉汁流出，因為大部份的肉汁都已經流失。

90℃ 以上

　　約從90℃開始，肉表面開始出現硬皮。當溫度達140℃肉塊表面開始有明顯的梅納反應發生。隨著溫度的上升，硬皮顏色漸漸的加深，達到深褐色後就必須起鍋否則開始轉黑。

　　梅納反應所生成的**水溶性色素**，部份會滲入到肉的表皮下方，因此肉切開後，硬皮下面的部份會有些許的黃褐色。

170℃ 以上

　　當溫度達到170℃以上，除了梅納反應外，還會出現**高溫裂解**現象。肉塊表面開始出現碳化的情形，肉開始**燒焦**，少量的焦化可以讓肉帶有些許的焦香味，但過量則會讓苦味過於明顯。

第八章　加熱對蔬果的影響

　　蔬菜與肉類、蛋等動物性的食材比較起來，蔬菜的烹調簡單許多。肉類等動物性的食材含有**高比例的蛋白質**，蛋白質分子對熱相當敏感，只要溫度達50℃以上，就會造成蛋白質的變性，持續的加熱最後會有脫水、乾澀的情形。而蔬菜的主要成份為碳水化合物(或醣類)，相較於蛋白質，碳水化合物對熱穩定許多。

　　纖維素之類的碳水化合物受熱後**軟化**，並有**脫水**現象，整個體積會縮小許多。根莖類蔬菜的主要成份則是澱粉類的碳水化合物，受熱後會**吸收水份膨大**，讓植物組織變得膨鬆，蔬菜呈現出鬆軟、多汁液的口感。所以蔬菜的烹煮可增進其適口性外，同時也有助於人體的消化吸收。然而蔬菜於加熱烹煮的過程中，除了質地上的改變外，還產生許許多多的變化，包括其所含的植物色素、香味成份、營養成份等，這些都對熱相當的敏感，值得我們花心思去注意。

▲ 蔬果中含有許多的植物色素、香味、營養成份等，這些都對熱相當的敏感，須特別注意

第一節 碳水化合物

醣類依化學結構之不同，可分為單醣、雙醣及多醣三種。

單醣類 monosaccharides

單醣是最簡單的醣類。分子式為$C_6H_{12}O_6$，包括有葡萄糖、果糖、半乳糖等。

雙醣類 disaccharides

是由兩個分子的單醣脫去一分子的水而得，分子式為$C_{12}H_{22}O_{11}$。常見有蔗糖、麥芽糖及乳糖等。

多醣類 polysaccharides

是由很多單醣脫去水分子結合而成的巨大分子聚合物，分子式可用$(C_6H_{10}O_5)n$代表，常見有纖維素、果膠、植物膠及澱粉等。

植物體內的多醣類有二大功能

■ 能量的來源

主要是**澱粉**，儲存在種子、塊莖等中。葉菜類蔬菜如菠菜、青花菜等非以澱粉為主要能量來源的食用植物，僅含有少量的澱粉。

■ 構成細胞壁支撐植物體

動、植物皆以細胞為其基本構成單位。其中動物是以骨頭為支撐架構，植物則是仰賴包覆於植物細胞外的**細胞壁**來支撐。植物藉由多種人體所無法消化的纖維來強化支撐力，包括纖維素、半纖維素、木質素、植物膠、果膠等。人類的腸胃道缺少可以消化這些纖維的酵素，因此無法將它們分解成葡萄糖供人體使用。

　　植物細胞壁的裡裡外外，皆分布有果膠及半纖維素，這二種植物纖維，其作用就如同膠泥般，將細胞壁與細胞壁黏合在一起，賦予植物組織**硬度**及**彈性**。而植物的外皮部份則含較多量的纖維素、半纖維素，植物的表皮細胞會分泌防水的蠟狀角質，將植物的外表包覆，也具**保護**的功能。

　　木質素為植物的纖維之一，但它非屬碳水化合物，而是酚類的聚合物。隨著植物的成熟，植物中木質素的含量亦會隨之增多，植物的質地變得愈來愈硬。例如紅蘿蔔愈粗，其中心部份質地愈硬，加熱也不易將其軟化。

　　植物膠為植物中另一種多醣類，它最獨特之處就是能吸附大量的水，體積可膨大數倍，經常被用於冰淇淋、糖果、沙拉醬汁等加工食品中，來增加食品的濃稠度。

　　澱粉是唯一可以被人體小腸所消化吸收的植物多醣類，也是人類重要的**能量來源**。不過近來的研究發現，這些無法為人體所消化的多醣類，對增進人體的健康有相當的助益。如纖維素、果膠、半纖維素等就是俗稱的膳食纖維。

　　所謂的膳食纖維是指植物可食部位或是相似之碳水化合物中，不為人類小腸消化吸收，而在大腸被完全或部份發酵的物質，除了可促進小腸吸收營養，也可降低血膽固醇和血醣。

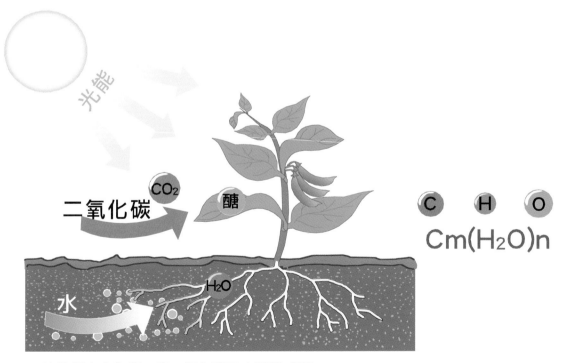

光能
CO_2
二氧化碳
醣
C　H　O
$Cm(H_2O)n$
H_2O
水

▲ 植物行光合作用，將二氧化碳及水轉換成醣

重要的多醣類

纖維素 cellulose

纖維素普遍存在植物體的木質、表皮及樹葉中，也是**植物細胞壁**的主要成份，由**900-6000**個**葡萄糖**所構成，是地球上最多的有機化合物。纖維素和直鏈澱粉一樣都是由葡萄糖所構成的聚合物，二者在葡萄糖結合的方式雖然只有些許的差異，但特性上卻有極大的差異。

烹調上我們可以溶解澱粉顆粒，纖維素受熱後卻能保持原樣毫無損傷，大部份的動物能消化澱粉，卻無法消化纖維素。

果膠 pectin

果膠是一種植物纖維，它也是由醣類結合而成長鍵的聚合物(多醣類)。植物的支撐構造中，果膠就像水泥一樣，把植物堅硬的纖維素及木質素支撐成份黏合在一起，就如同水泥把磚塊黏合在一起。

果膠和吉利丁(gelatin)一樣，都可以形成網狀架構，將水分子包覆於其中，生成**滑順**、**黏稠**的**凝膠狀物**。果醬中黏稠的成份就是果膠，甘貝熊軟糖其柔軟、**QQ**的口感也是來自果膠。

在食品工業上，果膠除了用來製作果醬、果凍外，果膠也被用於乳化劑、安定劑、稠化劑和組織增進劑。冷凍食品可藉由添加果膠來改善其質地，因為**果膠可防止水生成大的冰晶**，所以市售冰淇淋中經常會加有果膠，來增加口感的滑順。果膠讓優格中的粒子能夠均勻的懸浮於其中，瘦身飲料中往往會加入果膠來增進其口感。

富含果膠的蔬菜及水果，經加熱烹煮很容易就會讓果膠溶出。蔬果中果膠的含量差異大，除了**熟度**會影響果膠的含量外，同一種類的食物之間也有極大的差異，例如：酸蘋果的果膠含量就高於甜蘋果。

植物膠 gums

植物膠和吉利丁一樣都可以使液體稠化。但二者差異甚大，吉利丁來自**動物**、屬蛋白質；植物膠則來自**植物**、屬多醣的聚合物，二者皆為水溶性。植物膠可以用來做為稠化劑、凝膠物質、乳化劑和安定劑。

這種水溶性的植物膠，可來自陸生植物、海洋植物和微生物。植物膠的萃取過程，會有一些非醣類的成份溶入。例如阿拉伯膠雖然被認為是多醣聚合物，但上面還是吸附有一些胺基酸，它特有的稠化能力，很可能都與這些蛋白質有關。

澱粉 starch

植物行光合作用，產生**葡萄醣**供給植物生長所需。多餘的醣就以澱粉的形態貯藏，以供不時之需。植物中都會有些部位用來貯存澱粉，如穀類植物的種子中就含有大量的澱粉，供種子發芽所需的能量來源。有些植物則將澱粉貯存於**根**及**球根**中如馬鈴薯，有些則是在**果實**中如香蕉或是在植物的莖，如西米棕櫚樹幹。

植物貯藏澱粉的方式是將數百萬的澱粉分子以一定的結構，緊密結合成團，稱為澱粉顆粒，澱粉分子是由數百至數千個葡萄糖分子聚合而成的化合物。澱粉分子又可分成直鏈澱粉(amylose)和支鏈澱粉(amylopectin)，直鏈澱粉的分子量較小，可溶於水，支鏈澱粉的分子量較小，水溶性差。

澱粉除了是我們飲食中最主要的醣類來源，在**烹調**上也扮演相當重要的角色。
- 稠化湯及醬汁
- 避免蛋白質凝結
- 避免沙拉醬汁發生油水份離

第二節 加熱對蔬菜質地的影響

烹煮蔬菜的主要目的之一就是要改變其質地。例如將其加熱**軟化**來**增進適口性**，而蔬果類的質地取決於植物細胞內的膨脹壓及植物細胞壁的構造。

將蔬菜放入沸水中烹煮，當植物組織達**到不同溫度**時的情形：

60℃	細胞膜會受到破壞，細胞中部份的水份會釋放流失，蔬菜呈**脫水、萎縮**的現象，蔬菜會**失去其鮮脆的口感**，但咬起來仍然相當的硬(細胞壁仍完好)
85℃以上	植物細胞壁明顯的受到破壞，因細胞壁中的果膠和半纖維素的**膠結物質軟化**，並逐漸**水解溶出**，最後蔬菜會完全的熟透，可以很容易的咬斷或輕易的以叉子刺穿(細胞壁與細胞壁間，可輕易的被分開)
持續加熱	持續的加熱，最後植物的組織會**完全被破壞**，可以輕易的壓成蔬菜泥

然而有些地下莖的蔬菜如荸薺、蓮藕、甜菜根、竹筍等，經**長時間烹煮**仍**可保有一定的脆度**，這是因為其細胞壁中含有一種酚類的成份，讓細胞壁間形成穩定的鍵結，不易因高溫而溶解破壞。

▲ 甜菜根的細胞壁中含有一種酚類的成份，讓細胞壁間形成穩定的鍵結，不易因高溫而溶解破壞

　　植物細胞壁的溶解或蔬菜完全熟透軟化速度的快慢，還會受到煮液之**酸鹼值**、**鹽**、**水的硬度**等影響。對一位廚師而言，應善用這種特性，來加速或延緩蔬菜的軟化。

酸鹼值

- 果膠及半纖維素在酸性環境**下不易溶解**；反之，鹼性環境下**很快的就會開始溶解**。
- 烹煮蔬菜時，若加有**酸性食材**(如醋、檸檬汁、葡萄酒、番茄等)，需較**長的烹煮時間**才能將其軟化。
- 白色和紅色蔬菜，烹煮時通常會加入**酸性食材**，來保持或增強其**顏色**
- 燙煮綠色蔬菜時，可加入少許的小蘇打，讓水呈**微鹼性**，有助於維持葉綠素的顏色，雖然保住蔬菜的鮮綠色，但往往造成質地過軟。

鹽／硬水

- 水中加鹽可**加速蔬菜的軟化**。這是因為細胞壁與細胞壁之間黏合的物質，其分子中的鈣離子被鹽的鈉離子給取代，其**黏合能力會弱化**，因而加速半纖維素的溶解。
- 若將蔬菜於硬水中烹煮，硬水中的鈣離子有**強化細胞壁間黏合力**，會減緩半纖維素的溶解，**蔬菜軟化的時間會拉長**。

第三節 加熱對蔬菜顏色的影響

　　蔬菜的顏色繽紛多樣，包含彩虹所有的顏色，豐富我們的餐桌，提升餐食的趣味性。大部份蔬菜的顏色(植物色素)，都會受到**熱**的影響，通常可以藉由蔬菜所呈現出來的顏色，判定其烹煮的程度。但不論蔬菜的顏色為何，我們總是希望烹煮後蔬菜仍可保有原本的顏色。

　　蔬菜顏色是來自蔬菜本身所含的色素，蔬菜顏色通常也是廚師決定該如何來烹煮它們的重要考量依據。不同的色素對**熱**、**酸**或**鹼**的反應不盡相同。因此蔬菜的烹調上，最重要的就是要能了解這些色素的特性，並在烹煮的時候將其負面的影響減到最低。

　　蔬菜的色素可分成三大類：類胡蘿蔔素、葉綠素、黃酮類，在烹調上的注意事項略有不同。

類胡蘿蔔素 Carotenoids

類胡蘿蔔素和葉綠素一樣都不溶於水。大部份蔬菜、水果的黃色、橙色及部份的紅色是來自類胡蘿蔔素。
類胡蘿蔔素的種類甚多，大致可分成三大類：胡蘿蔔素、茄紅素、葉黃素。

胡蘿蔔素 Carotenes

胡蘿蔔素呈橘紅色，可區分成 ρ、β、γ 三種類型，β－胡蘿蔔素，在人體中會轉變成維生素A。

茄紅素 Lycopene

茄紅素呈深紅色，如番茄。

葉黃素 Xanthophyll

葉黃素呈淡黃色。

類胡蘿蔔素非水溶性，也相當的耐熱。黃色及橙色蔬菜在酸或鹼的環境中烹調，並不影響其顏色，但若煮太久仍會失去些許的顏色。

葉綠素 Chlorophyl

綠色植物的綠色來自植物細胞色質體中的葉綠素，主要功能就是行光合作用，藉由太陽光的能量，將二氧化碳及水轉變成碳水化合物。

葉綠素的穩定性較差，植物老化或採收後曝露於陽光下、貯藏過久等，都會造成葉綠素的破壞，讓隱藏於葉綠素下的其他色素顯現出來。

葉綠素在酸性環境下、加熱或保溫時間過久等，都會被破壞，讓綠色蔬菜會從鮮綠轉變成橄欖綠或黃褐色。

綠色蔬菜的烹煮必須要注意以下幾點：

保持沸騰、不蓋鍋蓋

酸性環境

- 酸性的環境下，葉綠素很快就會失去鮮綠的色澤，轉為橄欖綠。
- 不蓋鍋蓋，讓水保持沸騰，蔬菜本身所釋出的酸性物質，可以很快的隨水蒸氣蒸散掉。
- 用較多量的水，也是為了要稀釋蔬菜本身所釋出的酸性物質。

鹼性環境

- 小蘇打(鹼性)可使葉綠素穩定，讓蔬菜保有翠綠的顏色。
- 小蘇打會破壞蔬菜中部份的營養成份，特別是維生素C和維生素B。
- 小蘇打會讓蔬菜吃起來有糊爛的口感。
- 小蘇打加太多，會讓蔬菜帶有苦味。

汆燙 Blanching

西餐廚房習慣上會將綠色蔬菜於滾水中燙至7~8分熟，即刻取出放入冰水中冷卻，專業術語稱為汆燙。其目的之一是破壞酵素，穩定葉綠素。

綠色蔬菜加熱烹煮之初或汆燙後，蔬菜的綠色會加深，這是因為新鮮的植物細胞間有氣室，細胞間的空氣讓葉綠素看起來比較不明顯。一旦受熱後，這些空氣迅速消散，沒有氣泡的阻隔，細胞間的間隙變小，讓葉綠素看起來更為鮮明。

類黃酮　Flavonoids

類黃酮廣泛的存在於蔬菜、水果、穀物、根莖、茶葉、紅葡萄酒等中，目前已知超過四千種，為人類飲食中含量最豐富的多酚化合物。類黃酮類的色素包括有：花黃素、花青素、甜菜紅。

花黃素 Anthoxanthins

酮醇類(Flavonols)、黃酮類(Flavones)、黃烷酮類(Flavonones)的混合物。花黃素讓蔬菜呈現出白色或乳白色，如白花椰菜、洋蔥、馬鈴薯、白蘿蔔等。

酸性環境
- 會讓這類白色的蔬菜更為亮白。
- 烹煮可加入少許的酸性食材(如檸檬汁、醋等)。
- 蓋上鍋蓋，減少酸性物質隨水蒸氣蒸散。
- 酸也會使蔬菜變得較硬，加入的量不宜太多。

鹼性環境
- 鹼性的環境中，白色蔬菜則會變黃。
- 白色蔬菜烹煮過頭也會變黃，所以煮軟就應即刻停止烹煮。

鍋具材質
- 白色蔬菜也容易與鐵、鋁等材質的鍋具起化學作用，使煮好的蔬菜帶有些許褐色、綠色或黃色。
- 烹煮白色蔬菜，最好是使用不銹鋼材質的鍋具。

氧化作用
- 如芹菜頭、防風草根、朝鮮薊心等白色蔬菜，去皮後很快的就會氧化變褐色。
- 去皮後，馬上要浸泡加有檸檬汁或醋的水中，然後放入到冰箱中，直到烹煮前才取出。

花青素 Anthocyanins

花青素呈藍紫色，主要存在於水果中，僅有少數的蔬菜含有花青素，如紫高麗菜、茄子、紫山藥等。花青素屬水溶性色素，在烹煮的過程中，很容易的就會從蔬菜的組織中滲出。

酸性環境

- 呈紅色。
- 加入少許的醋、葡萄酒或是檸檬汁，增進蔬菜的顏色。
- 烹煮時最好蓋上鍋蓋，減少酸性成份隨著水蒸氣蒸散掉。

鹼性環境

- 呈藍紫色。

甜菜紅 Betalains

甜菜紅這個色素讓甜菜根呈豔麗的深紅紫色，為了避免紫紅色的色素流失，烹煮甜菜根時必須帶皮整顆煮，熟透後再去皮。

酸性環境

- 煮的時候加入少許的醋，讓甜菜根的紫紅色更為鮮豔。

鹼性環境

- 若煮液為鹼性液體，紫紅色則會偏黃。

第四節 加熱對澱粉類蔬菜質地的影響

澱粉質含量高的根莖類蔬菜如馬鈴薯、地瓜及南瓜等之類的蔬菜，其組織中**富含澱粉顆粒**，因此被視為是澱粉類蔬菜。

- **生鮮**狀態下，澱粉顆粒呈緊密、堅硬的顆粒狀，咬起來有粉粉的口感，**無法直接為人體所吸收利用。**
- 加熱至60℃以上，澱粉顆粒便開始吸水糊化，讓原本緊密結合的澱粉顆粒，逐漸變得鬆散，最後完全張開，生成類似海綿般鬆散的質地。
- **煮熟**後的澱粉類蔬菜，質地上顯得有些乾燥，這是因為植物組織中的水份，已經被澱粉顆粒所吸收，澱粉也**轉變成人體可消化吸收的型態。**

馬鈴薯煮熟後，其質地的改變主要取決於二因素：**澱粉的糊化**及**果膠的水解**。馬鈴薯中含大量的澱粉，品種不同，所含的澱粉類型會有差異，造成煮熟後的馬鈴薯口感不同。

馬鈴薯的澱粉在67～71℃間開始出現吸水糊化的現象，但加熱溫度要達到80℃以上，吸水糊化的現象才真正顯著。馬鈴薯質地的軟化主要原因是歸於果膠的水解，而軟化的速度則要以90℃以上溫度加熱才明顯。

澱粉的糊化會讓湯汁、醬汁等變稠，不過酸性食材會破壞澱粉的長鍵結構，使糊化後濃稠的湯汁、醬汁等變稀。這些酸性食材包括有檸檬、番茄、葡萄酒等，因此稠化後的湯汁、醬汁等要避免和這些酸性食材烹煮太久。

第九章　真空烹調的操作

　　運用真空烹調技術來烹煮食物，最主要的目的就是要讓食物能呈現出最完美狀態。操作得當還可以**延長食物的保存期限，降低食物中毒的風險**。

　　真空烹調的操作上，除了要考量如何將菜餚的品質達到極致外，每個步驟都必須要能合乎**食品安全**與**衛生**的原則，所以真空烹調這項技術，必須由經過訓練的專業人員操作，如此才能達到提升菜餚品質的目的，並能合乎食品衛生與安全的要求。

　　真空烹調於操作上是有一些基本原則可以依循，在熟悉此一技術後，廚師可依對食材的了解及對菜餚的詮釋，發展出自己的操作模式，創作具個人特色風格的菜餚。因此真空烹調技術的運用也非一成不變，在合乎衛生安全的原則下，它可有相當多的變化。

▲ 真空烹調的操作，每個步驟都必須能合乎食品安全與衛生的原則

第一節 真空烹調的操作步驟及技巧

真空烹調在操作上可被區分成六個步驟，這些步驟涉及到操作上的技巧及食材的處理方式，對最終成品的品質是有相當程度的影響。對欲運用真空烹調法的廚師必須要能有所了解，才能有效的利用真空烹調法的**優勢**並**減少負面的影響**，才能得到應有的效益。

真空烹調在操作上可區分成以下六個步驟：

STEP 1 真空密封前的製備工作

STEP 2 食材放入真空包裝袋中

STEP 3 抽真空密封

STEP 4 恆溫加熱

STEP 5 迅速冷卻、標示、冷藏

STEP 6 菜餚最終完成階段

STEP 1　真空密封前的製備工作

調味

真空烹調之調味與傳統烹調方式有差異,這可從二部份來看:

■ 真空密封,**風味不會隨水蒸氣蒸散流失**,因此傳統的調味比例並不一定完全適用於真空烹調的菜餚,特別是辛香食材料的使用,一定要注意,避免蓋過菜餚該有的風味。酒類也是一樣,紅酒牛肉中的酒精,幾乎都會被保留下來。因此傳統配方中酒的用量,轉換成真空烹調方式料理時,必須重新調整。

■ 低溫加熱經常**不足以軟化調味蔬菜**等一些具香味的蔬菜,香味無法完全的釋出。因此操作上通常會以傳統烹調方式,將這些蔬菜軟化,冷卻後才能真空密封。

▲ 先熬煮直到香味釋出,冷卻後才真空密封

煎上色

傳統燉煮肉塊時,經常會先將其以**大火迅速煎上色**,過去習慣稱為封住肉汁,但實際上是賦予食物梅納反應的**香氣**。此技巧也同樣適用於真空烹調的肉塊,有助於提升食物整體的風味。而這個步驟,也可於食物真空烹煮完成後,再煎上色,有異曲同工的效果,尤其是對富含結締組織的肉塊而言,以高溫煎上色時,會讓結締組織過度收縮,造成肉塊變形,對菜餚品質反而容易有負面的影響。

▲ 牛肉煎成焦黃色,冷卻後才真空密封

浸泡鹽水

　　豬、家禽等白色肉，經常會浸泡於3～6％(30～60克鹽/1公升水)的鹽水中數小時，沖洗拭乾後才能真空密封並加熱烹調。

　　肉塊浸泡**鹽水**後：

- 肌肉纖維中部份的鹽溶性蛋白溶出，干擾肌肉蛋白質的凝結並減弱其凝結的強度，有助於**增進肉質的柔嫩度**。
- 肉會吸附10～25％的鹽水，加熱烹煮後會流失約20％的水份，淨流失約0～15％的水份。因此浸泡鹽水有助於**提升肉塊多汁的口感**。

▲ 浸泡鹽水後，要洗淨、擦乾才真空密封

食材醃漬

　　西餐廚房烹煮**質地堅硬**的肉之前，經常會先**醃漬**，除了可以**增加風味**外，也可以**軟化肉質**。

　　醃漬液中幾乎都會有**酸性**的食材，常見的包括有葡萄酒、醋、檸檬汁等。其中酒的部份很容易造成真空烹調加熱時的困擾，因為酒的沸點較低，加熱後會產生較多的蒸氣，容易讓真空包裝袋受熱後膨大，如氣球般浮於液面上，造成受熱不均的問題。通常解決的方法是以網架等將真空包裝袋壓入水中。

▲ 以網架將包裝袋壓入水中，避免受熱不均

保持冰冷

　　食材必須要在5℃下才適合抽真空密封。除了衛生上的考量外，另一重要的因素就是**大氣壓愈低，水的沸點愈低**。

　　食物抽真空密封時，處於接近真空狀態，若沒有完全的冷卻下來，食物中的水份很容易就會**沸騰**，產生大量的水蒸氣，造成水份的流失，對食物多汁的口感會有負面的影響。

　　若是液態食物，容易因沸騰，造成體積膨大，使得液體自真空包裝袋中溢出。所以一塊先煎炒上色的肉塊，在真空密封之前，必須先冷藏數小時甚至隔夜，待完全冷卻後才能抽真空密封。

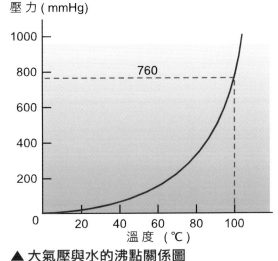

▲ 大氣壓與水的沸點關係圖

STEP 2　食材放入真空包裝袋中

食材放入真空包裝袋的重要細節

　　真空烹調專用的包裝袋，較一般塑膠袋貴許多，操作上當然要發揮其最大效益。依食材的大小、外觀等挑選適合的真空包裝袋，並將食材放入其中。這步驟看似簡單，但有些細節必須遵守，否則容易造成密封不完整、破損等問題，而導致浪費：

- 將真空袋的**封口處向外折**，以避免封口處被食物的油脂、殘渣等弄髒，導致加熱封口的過程中出現封口不完整的情形。若是封口處不小心弄髒，須以**紙巾擦拭乾淨**。

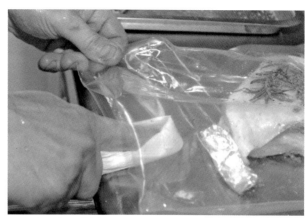
▲ 封口處需擦拭乾淨

- 真空包裝袋**不可裝太滿**，要讓封口處留有足夠的密封空間。

- 食物排列以**一層**為原則，避免因堆疊而造成食物受熱不均。

- 食物中若有骨頭之類等較**尖硬的部份**，放進真空包裝袋前，先切除或給予**適當的包覆**，避免抽真空密封的過程將包裝袋刺破。

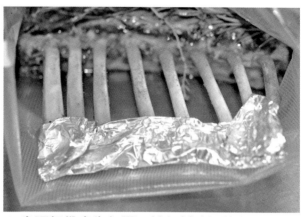
▲ 尖硬部份應先包覆，以免刺破包裝袋

STEP 3

抽真空密封

食物放進真空包裝機前，依食材大小、外觀或類型，有時需要**增或減層板**，來調整真空氣室的高度，以利真空密封的進行。食物放進真空包裝機後，必須要再次確認食物排列平整，袋口部份也要平整、乾淨，然後設定合適的真空度或抽真空時間來將食物抽真空密封，操作及設定上有一些重要的考量事項。

▲ 依食材大小，增減真空氣室的層板

抽真空程度的考量

將真空包裝袋放入真空包裝機中抽真空時，真空氣室中的空氣會被抽除，同時將真空包裝袋中的空氣一併抽走，封口時，空氣會重新進入到真空氣室中，此時大氣壓便會壓擠真空包裝袋，讓其緊縮貼於食物上，**真空度愈高，對食物壓擠的力量愈大**，真空包裝袋與食材貼合愈緊密。通常真空度設在90～95%之間，就有相當不錯的效果。

耐壓擠的食材

蔬果類的食材，因其細胞外圍有**細胞壁保護**，可以承受較強的大氣擠壓。葉菜類的細胞壁間存在有氣室，抽真空的過程會將氣室中的空氣抽除，去除空氣的阻隔，讓蔬菜的顏色看起來更深。肉類也可承受較大的壓擠，因此操作上可以使用較高的真空度設定。

▲ 抽真空包密封蔬菜的顏色看起來更深

不耐壓擠的食材

魚肉等質地細緻易破碎的食材，容易因壓擠而破裂。因此真空烹調之操作通常會以較低的真空度來真空密封魚類海鮮。例如鮭魚經常真空度設在85%。

液態食物抽真空技巧

　　液態食物容易於抽真空的過程，因處於接近真空的環境，液體會**沸騰**、**體積膨大**，容易造成液體溢出，溢出的液體除了會將真空包裝袋封口處弄髒，還可能造成真空包裝機的損壞，所以真空密封液態食物時需要特別小心。

■ 將真空包裝袋置於圓桶之類的容器中，便於液體倒進到真空包裝袋中。

■ 液體溫度愈低愈好。原則上溫度要保持3℃以下。但若能讓液體呈半冷凍狀態更佳。

■ 真空袋的封口處，要**保留較大的空間**來因應液體膨脹，降低液體溢出的機會。

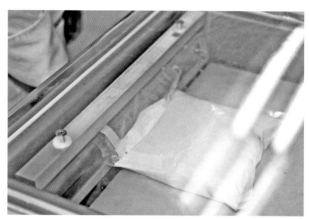

▲ 真空袋的封口處要留空間，液面要低於封口處

■ 藉由調整真空氣室層板的高度，讓**液面低於封口處**，膨脹的液體只要保持低於封口就不會有溢出的情形。

■ 若液體不慎膨脹到達封口處，快要開始溢出，即刻按下真空包裝機上的**緊急停止按鈕**，讓機器停止運作，真空氣室回復常壓，液體立刻停止沸騰，溢出的情形立刻停止。

恆 溫 加 熱

恆 溫 加 熱 設 備

　　低溫／真空烹調上加熱的設備的基本要求：熱能的交換效能高，溫度要能恆定。如此食物升溫快、受熱較均勻、食物熟度穩定。國外衛生單位要求真空烹調必須要以恆溫熱水循環機water　bath或多功能蒸烤箱combi　oven來加熱烹煮。

- 萬能蒸烤箱可以**同時加熱大量的食物**，但容易有**受熱不均**的現象，特別是當蒸烤箱達到滿載的情況下，食物受熱最快與受熱最慢之時間差可長達一倍。

- 水循環機**加熱均勻性**好上許多，且溫度上下的**波動不會超過**0.2℃。但前提是不可將真空包裝的食物疊放在一起，否則會有受熱不均的情形，同時熱水槽也不**可太過擁擠**，影響到熱水的循環流動。
雖然熱水循環機加熱效果較佳，但先決條件是食物必須**完全浸泡入熱水中**。但有時真空包裝袋會發生受熱膨脹的現象，如氣球般浮於液面，導致食物**無法均勻受熱**。

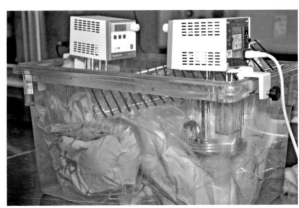

▲ 熱水槽過度擁擠，影響熱水的循環

加熱溫度設定

真空烹調法中所使用的加熱溫度通常是介於55～67℃之間。溫度設定上有二種操作方式：

高於欲達到中心溫度5～10℃

低溫／真空烹調技術發展之初，溫度的設定方式通常是以**高於**所欲達到的中心溫度5～10℃為原則。例如要將牛排加熱至中心溫度60℃，蒸烤箱的溫度設定為65～70℃之間。

當食物的中心溫度達到所要的溫度後，就必須**立刻**從熱水或蒸烤箱中取出，否則會

▲ 以溫度計測量食材中心溫度

有食物**烹煮過熟**的問題，操作上必須搭配**溫度計**使用，這種設定方式無法讓肉長時間的恆溫加熱，因此只**適合用於質地柔嫩的肉塊**。

略高於所欲達到中心溫度0.5～1℃

通常食物的中心溫度只能**很接近**機器所設定的溫度，不會真正達到機器的設定溫度。因此廚師會將恆溫加熱機器溫度的設定為**高於**食物所要達之中心溫度0.5～1℃。這是**現今真空烹調最常見的加熱溫度設定方式**。

此種溫度設定方式，最大優點是當食物達到所要的中心溫度後，即使持續浸泡於熱水中，**中心溫度保持恆定**，肉塊的熟度可保持不變，不會有煮過熟的問題。因此食物煮至所欲之溫度後，不必即刻取出，質地柔嫩或堅硬的肉塊皆適用此設定方式。

對質地柔嫩的肉塊，廚師可藉由長時間的恆溫加熱食物來達到巴斯特殺菌的目的。對質地堅硬的肉塊，也可藉由長時間的恆溫加熱來軟化肉質。此方式操作便利，早已成為真空烹調最普遍的溫度設定方式。

加熱時間的設定

　　加熱時間的設定，除了要考量所欲達到之口感或質地外，也必須要達到巴斯特殺菌的要求。廚師通常會依食材的屬性，操作上會有所不同：

質地細緻、不耐久煮的食材

如魚類、菲力牛排等，藉由精準的溫控及短時間的加熱，可讓這類食材料理出品質接近完美的菜餚。

操作上只要**中心溫度**達到所設定的溫度，表示已經達到所要的熟度。但通常會**持續的浸泡於恆溫的熱水**中，直到達到巴斯特殺菌的要求。

持續的浸泡於熱水中，對肉的熟度、品質幾乎不會有影響。整個加熱的時間通常不會超過60分鐘。

這類型食材的操作，幾乎都是客人點餐後，才開始加熱，肉塊取出後通常直接完成菜餚的製作，上桌給客人食用，**幾乎不會有冷卻冷藏的步驟**。

質地堅硬的肉塊

要考量**水解膠原蛋白**所需的時間，所以恆溫加熱時間可長達6～36小時，遠超過巴斯特殺菌所需要的時間。這種操作模式，食物達到所要的質地後，通常會**迅速冷卻並**置於**冰箱**中儲藏，客人點餐後，才從冰箱中取出製作，上桌給客人食用。

迅 速 冷 卻 、 標 示 、 冷 藏

食物以真空烹調法加熱烹煮，直到設定的時間、熟度或質地後(需合乎巴斯特殺菌的要求)，就算完成烹煮階段。食物自恆溫的熱水或蒸烤箱中取出後，後續的處置方式：

直 接 完 成 菜 餚 的 製 作

質地柔嫩不耐或不需久煮的食材，真空烹調後，通常不會冷卻儲藏，而是直接進入步驟六完成菜餚最後製作，然後上桌給客人食用。

冷 卻 後 放 置 冰 箱 儲 藏

質地堅硬、需長時間加熱烹煮的食材，通常煮至所設定的熟度或口感後取出，不直接完成菜餚的製作，而是將其**迅速冷卻**、**標示**，並**貯存於3°C以下冰箱**中。出菜前取出並迅速回溫，進行步驟六完成菜餚最後的製作，這是真空烹調最廣泛被採用的方式。

▲ 從冰箱中取出，復熱後，倒入鍋中

此操作方式之優點是能夠**轉移部份出菜時烹煮的工作**，成為廚房的前製備工作之一。前製備時就已經將食物煮至最佳的熟度或質地，出菜時，只要**回溫**、**煎上色**、**調整醬汁稠度**、**風味**等簡單的工作。如此可大幅縮短出菜所需的時間，讓出菜工作變得快速簡單，減低出菜時的壓力。這樣的操作方式，食物可冷藏保存一週以上，品質不會受到影響。

▲ 加入燙熟的馬鈴薯，牛肉及馬鈴薯熱了後即可上桌

STEP 6　菜餚最終完成階段

　　真空烹調的食物，加熱過程完全密封，烹煮完成的食物不論是外觀及風味與水煮或低溫水煮相同。只能呈現食材自然的原味，缺少高溫所產生的梅納反應之香味、顏色及口感。

　　若將傳統水煮或低溫水煮的菜餚，改以真空烹調方式烹煮，只需直接將食物從真空包裝袋中取出，配上醬汁、配菜後，就可直接上桌食用。但對那些需要複雜風味的菜餚，真空烹調的操作上可以有二種方式：

真空密封前煎成焦黃色

　　先將食物煎成焦黃色後再真空密封，以真空烹調方式加熱烹煮，食物梅納反應的香氣可被完整的被保留下來。不過食物經長時間密封加熱後，那種剛煎出來略帶香酥的口感已不復存在。

▲ 先將肉塊煎上色，冷卻後真空密封

上桌食用前煎成焦黃色

　　真空烹調完成的食物，從真空包裝袋取出(若經冷藏，有時必須先**回溫**，以避免外熱內冷)，**擦乾**後以**大火迅速的煎上色**，完成菜餚最後的加熱烹調，即可上桌食用。這方式可以讓菜餚呈現出傳統烹調法該有的色香味及略微酥脆的外皮。

　　國外經常是以碳烤或一種稱為plancha的厚煎板爐來將肉塊上色。plancha是一具厚鐵板的煎板爐，煎出來的肉塊表面略呈酥脆，其口感優於傳統平底煎鍋所煎出來的效果。食物經真空包裝加熱，再經大火煎上色後，讓菜餚能同時獲得真空烹調及傳統烹調的優點，這也讓真空烹調脫離「水煮」的感覺。

▲ 用plancha厚煎板爐將肉塊煎上色

第二節 操作上之衛生安全注意事項

為了要確保真空烹調食物之安全，整個操作的過程，必須要遵循衛生規範，真空烹調操作不當，會造成細菌的孳長，導致食物腐敗或引發食物中毒。

真空烹調食物安全之四個關鍵要素：

要素一 操作上要合乎衛生原則

要素二 加熱過程需殺死致病菌的營養細胞

要素三 低溫貯藏

要素四 有限度的保存期限

要素一　操作上要合乎衛生原則

　　真空烹調所用的食材，從挑選、進貨、到真空密封，都必須要合乎衛生的原則，避免細菌有機會孳生。

◆ 食材品質要佳

　　生鮮食材一開始的細菌含量，對真空烹調食物的安全有關鍵性的影響。因為巴斯特殺菌後細菌的殘存量，取決於一開始的細菌含量。食材菌數含量高，就必須**延長殺菌的時間**或**提高殺菌的溫度**，才能將菌數降至安全範圍。

　　為了要讓食物一開始的細菌數量低，食材必須要新鮮且品質要好。進貨後必須儲藏於冰箱或冷凍庫中且應儘快調理完畢，儘可能減少致病菌孳長的機會。若食材儲藏過久或鮮度不確定時，可藉由**汆燙、煎上色**等方式，以高溫將食材表面的細菌殺死，降低食材生菌數，但加熱後必須即刻**降溫**，避免影響食材真空烹調之效果。

◆ 真空密封

　　冰冷的食物才可以放入袋中進行抽真空密封，食材真空包裝後，通常必須**即刻**放入溫控的熱水或蒸烤箱中加熱烹煮。

　　真空包裝可以**抑制好氧菌**的生長，但會讓**厭氧菌取得競爭優勢**，所以真空包裝不會降低微生物的數量。真空包裝好的生鮮食物，若沒有馬上使用，需於**二小時內冷卻到3°C以下**，並儲藏於3°C以下的冰箱中，**二天內**烹煮完畢。真空包裝好的食物，必須要檢查是否有**密封不良**或**漏氣**的情形，以避免加熱完成的食物有再被污染的情形，或造成保鮮期限縮短的問題。

　　真空度較低的食物，容易有好氧的腐敗菌問題，因為腐敗菌在-5°C環境下仍會緩慢生長，導致食物的腐敗；而包裝袋中的空氣，會讓熱交換效率變差，使加熱升溫的時間延長，有可能會有**殺菌不足**的問題。

要素二 加熱過程需殺死致病菌的營養細胞

國外衛生單位要求真空烹調必須要以恆溫熱水循環機或多功能蒸烤箱來加熱烹煮，以維持**溫度的恆定與均勻**，加上水或蒸氣的**循環流動**，加速熱能的傳導與交換。

至於傳統的水保溫機感覺上類似恆溫循環機的操作，但**缺少水的循環**的功能，熱能的傳導效率較差，容易**受熱不均**，因此有衛生上的隱憂，所以應避免用於真空烹調的加熱。

其他加熱殺菌的相關食品衛生事項包括：

◆ 達到巴斯特殺菌

肉類真空烹調的巴斯特殺菌要求，必須要達到6.5-$\log^{10}$，但**家禽**例外，必須要達到7-$\log^{10}$**的殺菌標準**。

對健康的成人而言，沙門氏菌降至3-$\log^{10}$，不會有引發沙門氏菌中毒的疑慮，但對免疫力較弱的人，就無法確保食用上的安全，因此必須採用較嚴苛的標準，以確保食用上的安全。如果真空烹調的食物，打算要在**冰箱中長時間的儲藏**，就必須考量李斯特氏菌的威脅，必須要將其降至6-$\log^{10}$以下。

加熱之初，隨著食物溫度的逐漸升高，細菌生長繁殖的速度會隨之加快，**接近人體體溫的時候細菌的繁殖速度會達到高峰**。當食物的溫度超過52.3℃時，致病菌的營養細胞便**停止生長**並**逐漸死亡**。食物的**中心溫度**必須要在加熱**6小時內達到**54.4℃，以避免**產氣莢膜桿菌**生成毒素。所以真空烹調所用的加熱必須高於55℃。但氣莢膜桿菌生成毒素並不一定會造成困擾，因為溫度只要達到60℃，**持續十分鐘**就可以將毒素破壞。

◆ 加熱溫度設定

加熱溫度的設定上，通常只要**高於所欲達到的中心溫度**0.5～1℃就足夠。但加拿大BC省的衛生單位則是**建議2℃**，以確保食物能確實合乎巴斯特殺菌的要求。

對質地柔嫩的肉塊而言，設定高於2℃還算是合理可以接受的操作模式，但對質地堅硬需長時間加熱的肉塊而言，其加熱時間遠超過巴斯特殺菌所需的時間，額外的1℃對食品的安全性沒有實質上的助益，同時還冒著食物過熟、影響品質的風險。

要素三 ▶

低 溫 貯 藏

真空烹調的食物處理上最重要的關鍵因素就是**溫度的掌控**。因為食物只要進入到危險溫度範圍內,就會讓細菌有機會快速的滋長(理想狀態下,每二十分鐘增加一倍。12小時內,可以從一隻細菌增加至九十億隻)。真空烹調完成的食物,若保存不當,會成為細菌生長繁殖的理想環境,因此**保存的溫度**必須要有嚴格的控管。

真空烹煮完成的食物,若是直接完成菜餚的製作並上桌食用,安全衛生的問題單純許多。但真空烹調的最大優勢之一,就是可以事先將食材烹煮至所欲的熟度或質地,**冷卻**後**儲存**,客人點餐後,可快速的完成菜餚的製作,讓出餐的過程變得非常有效率。

但這種事先將食物煮好、冷卻的操作模式,容易出現衛生上的問題:**冷卻的速度太慢、儲藏於冰箱中的時間過久**或**冰箱溫度不夠低**。這些情形會讓致病菌的孢子有機會重新滋長,食物中毒的風險會因而大幅提升。因此烹煮完成的食物,操作上必須要迅速的降溫並保存於**3℃以下的冰箱**中,以避免致病菌的生長繁殖。

◆ 迅 速 降 溫

食品衛生法規要求,具潛在危險的食物,冷卻必須要能夠迅速,至少要:
- 2小時內,要從60℃降至21℃
- 4小時內,要從21℃降至5℃

完成巴斯特殺菌的真空烹煮食物,最理想情形就是食物從熱水中取出,直接以冰浴法(一半冰塊、一半水)快速降溫,如此可於**2小時內將食物的溫度降至3℃以下**。食物的中心溫度降至3℃以下,才可放進冰箱中儲存,避免細菌的孢子再度活化成為營養細胞。真空烹調法烹煮的食物,不可在危險溫度範圍中放置超過四個小時。

要素四 ▶ 有限度的保存期限

◆ 冷藏與冷凍

達到巴斯特殺菌的真空烹調的食物，若冷藏於3℃以下的環境中，可保存長達30～45天，微生物的數量仍然會在安全範圍內。

經過長時間冷藏的真空烹調食物，通常細菌數量仍在安全範圍內，但食物中的**酵素**已經改變食物的風味，失去商品價值。因此務實面的做法，最好還是要將感官品評列入真空包裝食物的賞味期限為考量。以作者個人的經驗而言，**冷藏二星期**的真空包裝食物，品質並不會明顯的改變。

就餐飲業的操作而言，真空烹調的食物可以有1～2週保存期限，就足以滿足營運上的需求，若要貯藏更長的時間，必須於冷凍庫中儲藏。若冷凍保存，其保存期限更可長達6～18個月，使用前事先於冷藏冰箱中解凍。基本上，真空烹調完成的肉塊，雖經冷凍仍可保持不錯的食用品質。下面列出一些國家衛生單位對真空烹調食品保存期限的規定，這些要求皆採較嚴格的衛生標準：

- 英國衛生單針對肉毒桿菌風險的考量訂定出：真空包裝即食食品之保存以3℃以下為原則，只要維持3℃就不會有肉毒桿菌的問題。但若保存3～8℃之間，真空包裝即食食品之保存**不可超過10天**。
- 加拿大要求真空包裝食物，必須保存於3.3℃以下，保存期限以7天為原則。
- 臺灣衛服部公告的「真空包裝食品良好衛生規範」，規定冷藏真空包裝即食食品之保存期限以**不超過10天**為原則，溫度僅要求7℃，相較之下，臺灣的規範比較寬鬆

◆ 復熱、完成最後烹調

冷藏的真空包裝食物，重新復熱時，所用的溫度**至少55℃**，並必須於**6小時**內將食物**加熱到54.5℃以上**。

完成真空烹調的食物，以**大火煎上色**，食物達到140～150℃時發生梅納反應增加食物香氣。

從衛生的角度來看，有達到巴斯特殺菌要求的食物，最終的加熱是可有可無，但若食物未達巴斯特殺菌的要求，可藉由**最後的加熱，達到殺菌的目的**，如此一來此步驟可被歸為危害管制點（CCPs）。

第三節 真空烹調衛生管理標準作業程序

　　要制定真空烹調的衛生管理標準作業，必須要從食譜開始。為每一道真空烹調菜餚製訂出衛生管理標準作業程序之表格。

　　其內容應包括：

- 菜餚名稱
- 食材：列出會用到的所有食材。
- 流程：詳列菜餚製備的步驟。
- 危害管制點（CCPs）

　　菜餚的製備流程中，找出哪些步驟有危害管制點。真空烹調的操作流程中，可以有一個或多個危害管制點：食物的中心溫度、達到巴斯特殺菌所應持續的時間、真空烹調完成後的冷卻、冷藏、復熱、完成菜餚最終的製作。

- 管制點界限（Critical Limits）

　　對每一個危害管制點（CCPs）的步驟，制定出明確的管制點界限。

　　內容包括有：如何監控、多久監控、不符合管制點界限的處置。

【**實例說明**】日式炸豬排

　　步驟：

1. 整條豬里肌從供應商送來，溫度**不可超過4℃**；
2. 放入4℃以下的**冰箱中儲藏**；
3. 豬排修整分切，工作檯面、砧板、器具等皆經**清洗消毒**；
4. 豬肉密封後，標示**日期、期限**及品名。放入3℃冰箱中，**不可超過2天**；
5. 機器設定62.5℃，將豬肉放入熱水中，**中心溫度達62℃後，持續6分鐘**；
6. 以**冰浴法迅速冷卻**至少30分鐘，放進3℃以下的冰箱中儲藏；
7. 將豬里肌從真空袋取出，切1.2公分厚片，沾麵粉、蛋液、麵包粉。置放4℃以下冰箱中儲藏；
8. 以165℃熱油炸90秒即可。

炸豬排的危害管制點：

- 真空烹調的食物達到設定溫度及持續時間：食物達到設定溫度並非危害管制點，但持續6分鐘才是危害管制點。
- 冷卻：30分鐘內冷卻至3℃以下。
- 冷藏：冷藏於3℃以下冰箱不超過10天。
- 沾粉冷藏：4℃以下冰箱不超過2天。
- 油炸：非危害管制點。

日式炸豬排

步驟	危害	管制點 （CCPs紅色）	監測	改正措施
1. 驗收	污染 致病菌滋生	豬里肌來自合格肉品公司，4°C以下可收貨	外觀檢示 量測溫度	拒收： 不新鮮的跡象 溫度超過4°C
2. 冷藏暫存	致病菌滋生	溫度低於4°C	每日檢測冰箱溫度並記錄	溫度不足調整或維修
3. 製備	污染	良好的個人衛生器具設備清洗消毒適當的真空密封	確認真空密封恰當	檢查是否有漏氣 若真空度不足，重新抽真空密封
4. 冷藏暫存	致病菌滋生	未真空密封4°C； 真空密封3°C以下2天內真空烹調完畢	每日檢測冰箱溫度並記錄	調整冰箱溫度 如有需要設備維修 潛在危險食物丟棄
5. 真空烹調的食物達到設定溫度及持續時間	致病菌存活	豬里肌加熱240分鐘，中心達設定溫度；達62°C持續6分鐘，合乎6.5-log^{10}殺菌標準	測量熱水溫度 定時器 必要時以探針式溫度計，量測中心溫度	時間與溫度不合標準，丟棄
6. 冷卻	致病菌滋生	2小時內降至3°C以下	確認冰塊水中，要有超過50%的冰塊，冷卻至少30分鐘	時間與溫度不合標準，丟棄
7. 冷藏 真空密封	致病菌滋生	3°C以下儲存，不超過十天	每日量測溫度並記錄於日誌中 4°C以下儲藏不超過二天	調整冰箱溫度 如有需要設備維修 潛在危險食物丟棄
8. 冷藏 非真空密封	致病菌滋生	保持4°C以下，不超過二天	每日量測溫度並記錄於日誌中。 4°C以下儲藏不超過二天	調整冰箱溫度 如有需要設備維修 潛在危險食物丟棄
9. 完成最後烹調	致病菌殘留	加熱165°C持續90秒	定時器	

真空烹調操作過程中相關的細菌危害及危害管制點

真空烹調的操作	細菌危害	危害管制點
生鮮食材	依食材： ■ 家禽：沙門氏菌、曲狀桿菌 ■ 牛肉：志賀毒性大腸桿菌、耶爾辛氏腸炎桿菌 ■ 海鮮：腸炎弧菌、李斯特氏菌	必須要： ■ 來自合格供應商 ■ 冷藏保鮮 ■ 食材的品質要好
真空密封	■ 真空密封有助於抑制大部份腐敗菌的生長，腐敗菌會讓食物產生異味、外表黏糊，影響食物風味 ■ 有利厭氧菌的生長，其中的肉毒桿菌產氣莢膜桿菌、李斯特氏菌會引發中毒	■ 儘可能將空氣抽除，以抑制腐敗菌的生長 ■ 減少或避免致病菌：冷藏於3℃以下(抑制肉毒桿菌)
加熱烹煮	■ 細菌的營養細胞可以殺死； ■ 孢子無法殺死，孢子生成菌：肉毒桿菌、產氣莢膜桿菌、仙人掌桿菌	■ 加熱溫度高於55℃，產氣莢膜桿菌停止生長 ■ 至少要達6.5-$\log^{10}$的殺菌標準 ■ 食物持續受熱，至少保持55℃以上
冷卻步驟	冷藏溫度不夠低，孢子會活化成為營養細胞，包括有產氣莢膜桿菌、仙人掌桿菌、肉毒桿菌	以冰浴等方式，迅速冷卻，溫度必須降至3.3℃以下，避免肉毒桿菌孳生
冷藏或冷凍儲存	冷藏溫度不夠低，孢子會活化成為營養細胞，包括有產氣莢膜桿菌、仙人掌桿菌、肉毒桿菌	儲藏於3.3℃以下的冰箱中，不可超過10天 -18℃以下冷凍貯藏
復熱	如果溫度不夠高，孢子會再度活化成營養細胞	復熱溫度至少55℃。於6小時內必須將食物加熱到54.5℃以上

對從事真空烹調操作的人員而言，了解以及遵守真空烹調相關的安全衛生問題非常重要，若輕忽這些安全衛生的原則，很容易導致病菌過度滋生，食物中毒的風險就會大幅的提升。

第四節 真空包裝技術的延伸運用

滷水(Brine)及鹽醃(cure)

以滷水(Brine)或鹽醃(cure)的方式來醃漬肉塊，已有相當長遠的歷史。不論將肉塊浸泡於滷水中或直接塗抹鹽來鹽醃，一開始的目的是為了要**保存食物**，冰箱未發明前這是最主要的**肉品保存方式**。

浸泡高濃度的滷水或直接塗抹鹽，二者幾乎相同。因為塗抹於肉塊表面的鹽，很快的就會讓肉塊中的血水滲出，鹽會溶解於其中，此時的肉塊就如同浸泡於高鹽度(鹽濃度可高達23～26%)的滷水中。

鹽醃與滷醃最大的差別是**汁液流失量**的多寡。

- 滷醃時，一開始肉的汁液會流入到滷水中，隨著肉的鹽量升高，滷水中的水份也會開始往肉回流，因此浸泡滷水的肉，其重量淨損耗有限。
- 鹽醃時，只有液體從肉塊中被流出，沒有水可流入，因此醃漬後肉塊會減少約20%的重量。

醃漬過程中鹽離子會逐漸的往肉塊滲入，肉塊的外層鹽濃度會非常高，鹽離子會緩慢的往肉中心部份滲透，若是沒有於適當的時機點將肉塊取出，最後整個肉塊變得非常的鹹。因此傳統的鹽醃或滷醃，其關鍵都是在於什麼時間點將肉塊取出，以避免肉塊鹹到無法下嚥。

剛取出的肉塊，外層的鹽濃度會遠高於中間部份，傳統的解決方式是將自滷水取出的肉塊，以**清水沖洗**或**浸泡於清水中**一小段時間，讓部份肉塊外層的鹽離子可以被洗掉。而肉塊通常也必須**靜置儲藏**一段不算短的時間，讓其中的鹽得以均勻的分散於肉塊中。

肉塊經長時間儲藏，**酵素**會緩慢的分解肉塊中的蛋白質及脂肪，讓醃漬的肉塊變得更美味，靜置儲藏的過程就是**肉塊熟成**。熟成所需的時間往往會長達6個月以上。**鹽醃**的肉塊熟成後的風味較佳，這是因為其中的許多香味成份沒被水稀釋。醃漬的肉塊中經常也會添加**亞硝酸鹽**。除了可**抑制**肉毒桿菌的生長外，也具**保存**、增進肉的**色澤**及**風味**的效果；如果不加入亞硝酸鹽，醃的肉其顏色最終會變成**灰色**。

- 意大利帕瑪生火腿(prosciutto di parma)：熟成需要9～24個月。
- 西班牙的伊比利生火腿(Iberico de Bellota)：熟成需要24～30個月。

現今冷凍冷藏設備相當普及，肉品的保存不再是問題。今天人們食用醃漬的肉品是為了其特有的風味及口感。因此為了迎合現代人的口味，肉塊不再如過去那麼的鹹，因此必須**放入冰箱**中才能保鮮，不過肉塊中的鹽含量至少要2%**以上**，如此才足以造成肉塊中的**蛋白質變性凝結**，生成鹽醃肉品特有的肉質及口感。

現今西餐廚房經常會以較低鹽濃度來醃漬肉塊，其目的並非為了要保存，而是要讓肉塊吃起來更為柔嫩多汁。因此現今肉塊的醃漬與傳統醃漬不論是目的或是概念上皆有所差異。傳統的醃漬是有保存及熟成的概念，其時間可長達2年。現今肉塊的醃漬則只是要減弱蛋白質的變性凝結的強度，以期讓肉塊能夠柔軟多汁，時間短通常只需**數小時**到1～2天，只要讓醃漬的鹽滲入到肉塊中即可。

鹹度的計算

肉塊的醃漬，其鹹度是可以精準的掌控。只需藉由簡單的計算即可。但首先廚師必須要決定最終肉塊的鹽濃度。通常是讓鹽介於1.5～2.5%之間。鹽度2%以下，不會有醃肉的口感，3%以上太鹹。其計算方式是將肉(扣除骨頭的重量)與水合計的重量，做為水的總重量，再用來計算最終鹽濃度所需的鹽量。

例如：肉1公斤、水1公升，希望肉中鹽離子的濃度為3%，計算方式為：

肉 + 水 ＝ 2公斤

這也就是說廚師僅需加入60公克的鹽。不過肉塊浸泡的時間必須拉長，直到滷水的鹽濃度接近我們所希望肉的鹽濃度。但要讓肉塊與滷水達到平衡需要非常長的時間，特別是肉塊的厚度超過5公分時，我們可藉助**注射**等方式來加速醃漬。

▲ 藉助注射，將醃液打入肉中，加速醃漬

第十章　真空烹調運用於家畜及家禽之考量

　　早年真空烹調主要是運用於肉類的烹調上，隨著食品科技的發展，對於肉的物理、化學特性，有更深入的了解，真空烹調技術在餐飲業之運用也得以更加深入且廣泛，現今已經是歐美專業廚房不可或缺的烹調技術，也被教科書歸為烹調法的一種。

　　動物肌肉組織的組成及架構相近似，因此真空烹調運用於家畜及家禽，操作的原則及概念大同小異，主要的考量還是分成質地**柔嫩**或**堅硬**二大類，廚師可因物種間差異、飲食習慣等加以微調。

　　本單元總結自前面的章節，讀者可依需求，參閱前面的章節。

第一節 加熱對肉質的影響

　　肉塊經烹煮後，其柔嫩程度的增加或減少、汁液流失的多寡，取決於**加熱的溫度**、**烹煮時間**的長短、及**肉的類型**等。而肉塊加熱烹煮的過程中，多項與肉質、汁液相關的物理化學變化同時進行，包括：

- 膠原蛋白的收縮，造成肉塊汁液的流失。
- 膠原蛋白的水解，軟化肉質並有滑順的口感。
- 肌原纖維的變性，造成肉質硬化。

　　這些變化的程度，主要取決於肉塊的溫度及受熱時間的長短，肌肉纖維蛋白質變性凝結的程度主要是受溫度的影響，肉塊達到65℃前，主要是肌凝蛋白的變性，對肉質的影響較不顯著，66℃以上是肌動蛋白的變性，對肉質的影響非常顯著，而蛋白質的變性也是一種化學反應，因此溫度愈高，速度愈快，以64.5℃持續3小時，還是會造成90%的肌動蛋白變性，同樣的也會讓肉質乾澀。

　　膠原蛋白的收縮速度非常快，只要溫度一到，收縮現象即刻發生，而膠原蛋白水解速度非常的緩慢，尤其低溫加熱時，容易感覺水解反應幾乎沒進行。所以結締組織的軟化需要時間，尤其以真空烹調方式烹煮時，水解軟化的時間可以超過48小時。

傳統烹調無法兼顧

　　傳統烹調上，對那些質地柔嫩的肉，為了要讓它能夠柔嫩多汁，多半採**高溫短時間的烹調**方式，所用的溫度往往遠高於廚師所要的最終溫度。食物的中心部份達到所要的熟度後，肉塊其餘的部份有過熟的現象。

肉汁可以封住？

　　傳統烹調上，肉塊以煎、烤等方式烹煮，以較高的加熱溫度，比低溫者可保有較多的汁液。高溫雖然會造成表面水份的快速蒸散，然而肉塊汁液的總滲出量則較少，但這並非是封住肉汁的概念。因為肉塊煮至全熟，口感都一樣乾澀。

　　對早期的廚師而言，為了要使肉塊在烹調後仍能保留住肉汁，通常會以高溫烤或煎，讓肉塊的表面迅速上色，同時在肉塊的表面形成一層硬皮（searing）或在肉的表面淋熱油（basting），來把肉汁封於肉塊中，以防止肉汁的流失。這是對早年的廚師對肉的性質不了解所致，肉塊的多汁性是受膠原蛋白和肌原纖維的變性程度所影響，避免過度變性即可減少肉汁的流失。

　　富含膠原蛋白、質地堅硬的肉塊，傳統上是用燉、燴等長時間的加熱方式烹煮，其溫度高達85℃以上。在這溫度下，膠原蛋白會快速的收縮，然後才逐漸的水解軟化。

　　烹煮的過程中，肉塊會有大量的汁液流失，同時肌肉纖維也變得乾澀。不過最後由於膠原蛋白水解成明膠，吸附大量的液體，讓肉塊呈現出果凍般滑順的質地，嚐起來雖然口感滑順，但肌原纖維卻是相當的乾澀。

　　此階段肉吃起相當容易咀嚼，加上明膠吸附大量的液體，賦予肉塊多汁的口感，使肉塊可保有一定程度的美味可口。肉塊整體感覺非常的柔嫩，但肌纖維的部份實際上是非常的乾澀且呈灰白色（就像筍絲蹄膀的感覺，瘦肉部份乾澀，只有脂肪部份才有滑順的口感）。從肉塊的結構來看，其膠原蛋白此時已經無法再將肌纖維緊密的束縛住，我們可以很容易的將肉塊壓散開來（叉子可輕易的刺穿），專業上稱之為「fork tender」。

真空烹調的優勢

真空烹調法最常見的加熱溫度是**介於55～66°C**。藉由恆溫的加熱設備，讓菜餚的製作變得簡單易於掌控，同時也料理出傳統烹調法所無法達到的一些特殊口感及質地。

■ 火候掌控變得簡單

真空烹調於肉類的烹調上是運用蛋白質在某一溫度下，只有部份的蛋白質出現變性凝結的現象，溫度愈高有愈多的蛋白質變性，因此早年的真空烹調強調，廚師可藉由不同的溫度來控制蛋白質的變性程度。然而這段話今天看起來並不完全正確，因為蛋白質的變性屬**化學反應**，那些尚未變性的蛋白質，不是不會變性，只是低溫下變性的速度緩慢，因此只要加熱時間夠長，加熱溫度雖然低，最終還是會導致蛋白質的變性。

就真空烹調的操作而言，低溫導致蛋白質過度變性凝結，對肉質產生負面影響所需的時間可長達數十分鐘到數小時；就傳統烹調而言，這時間可能只有短短的數十秒到數分鐘，所以傳統烹調上，廚師必須要能準確的掌控離火的時機。低溫／真空烹調有**較長的寬容時間，不需馬上離火**，讓火候掌控變得簡單許多。

■ 精準控制肉塊的熟度及柔嫩度

真空烹調所烹煮的牛肉，除了肉質較為柔嫩外，重量上的耗損也比傳統爐烤少約**19%**，這些保留下來的汁液，可以讓肉塊中的結締組織明膠化，明膠化的結締組織仍會將肌纖維黏聚在一起，保持肌肉組織架構及外觀上的完整。Garcia-Segovia稱這現象為「**結締組織的嫩化**」。

因此以真空烹調方式烹煮富含結締組織的肉塊，雖然外觀上沒有明顯的改變，吃起來可以是入口即化。

▲ 豬肋排經20小時烹調，肉質軟嫩多汁，入口即化
但外觀上沒有明顯的改變

■ 酵素的作用

許多廚師經常以56～60℃的溫度來烹煮富含膠原蛋白的肉塊，加熱的時間往往長達24～36小時。這種溫度的設定有其科學上的依據，因為只要肉塊的溫度保持於60℃以下，肉塊中的膠原蛋白酶(collagenase)仍會持續的水解膠原蛋白，持續軟化肉質。不過牛肉膠原蛋白**酶**的作用要**持續6小時**以上，才能感受到嫩化肉質的效果。

真空烹調的菜餚同時運用多種烹調法

真空烹調最大的優勢是表現在肉質的**柔嫩度**及**多汁性**上，至於風味或肉色上就沒有什麼特別過人之處，所以廚師必須運用其他烹調的技巧，來提升菜餚的整體風味，否則真空烹調的菜餚風味將平淡無奇。

因此真空烹調的菜餚，經常會先以低溫讓肉塊達到最佳嫩度及多汁口感後，再藉由傳統的的烹調方式，帶出菜餚的風味及色澤。所以真空烹調往往採用一種以上的烹調方式。必須運用各個烹調法的優點，來讓菜餚呈現出最完美的新境界。

相較之下，傳統的烹調方式，通常只會使用單一的烹調方式（如烤、炸、煎等），廚師必須仰賴豐富的經驗及技巧來將各個烹調法本身負面的影響降至最低。這當然也意味著真空烹調的菜餚有明顯的品質優勢。

真空烹調製作牛排的優勢

若以傳統碳烤方式烹調菲力牛排，碳烤爐的溫度往往高於250℃。當牛排中心溫度達到五分熟（約60℃）時，其外層部份早已經過熟。

真空烹調只需將水溫設定為60℃，加熱30～40分鐘，整片菲力牛排皆為五分熟，最後只需以碳烤爐迅速將牛排上色即可。對肉質較硬的部位，可利用長時間的加熱來軟化肉質。例如肉質較堅硬的嫩肩部位，放入60℃的熱水恆溫加熱6～8小時，可以讓嫩肩的肉質，呈現近似五分熟菲力牛排的嫩度且多汁的口感。

第二節 真空烹調於質地柔嫩家畜及家禽之運用

　　以真空烹調法來料理質地柔嫩的肉塊，只需讓肉的**中心部位加熱達到所設定的溫度**即可，而溫度設定上，習慣是以相同或略高於所要的中心溫度來加熱，例如五分熟的法式羊排，只需將加熱溫度設為60℃。有些廚師會將機器溫度設定為60.5～61℃，當羊排的中心溫度達到60℃，代表羊肉達到所要的熟度，但肉塊通常會**持續浸泡於熱水**中不會馬上取出，以便達到巴斯特殺菌的要求，當羊排達到60℃後，持續浸泡於60℃的熱水中至少**12分鐘**，便可達到FDA所要求的7-log^{10}殺菌標準（參考第48頁）。

　　將肉塊恆溫持續的加熱，對肉質的影響程度，會受**物種、部位**而有所差異，牛肉的影響最小，持續恆溫加熱6小時，肉質不會有明顯的改變。但魚類海鮮若延遲20分鐘取出，雖肉質仍然柔嫩，外觀也沒明顯變化，但已經可嚐出少許的乾澀口感，雞胸肉延遲30分鐘取出，品質不會有明顯的改變，雞腿肉時間較長，可長達1小時以上。同樣是雞肉，肉雞時間較土雞短。

　　如下圖顯示，羊肉以58℃加熱18小時，肉質較硬的羊肩肉，質地完全軟化，同時保有多汁口感，質地柔軟的羊排，經18小時加熱後，外觀雖呈3分熟，但口感乾澀，有粉粉的口感，這也就是說長時間的低溫加熱，對質地柔嫩的肉塊幫助有限，時間過長反而會有負面效果，因此真空烹調運用於質地柔嫩的肉塊，最大優勢之一就是熟度精準均勻。

羊肩肉

羊肋排

▲ 58℃加熱18小時的羊肩肉及羊肋排肉色相近，但肉質全然不同

　　通常肉塊的加熱都必須合乎巴斯特殺菌的要求，但肉塊的加熱若沒有達到巴斯特殺菌的要求，操作上可在最終完成菜餚製作的加熱階段，以傳統烹調方式，達到衛生上的要求即可。

　　例如整條的豬里肌肉只加熱2小時，未達巴斯特殺菌所需的時間4小時，但油炸時，只需將**豬肉炸熟**，就不會有安全上的疑慮。

▲ 豬里肌以61.5℃加熱2小時
　 未達巴斯特殺菌的4小時

▲ 油炸時，將豬肉炸熟
　 同樣不會有安全上的疑慮

中心溫度多久達設定的溫度？

　　肉塊要加熱多久其中心溫度才會達到所設定的溫度，操作上最好是以溫度計實際測量最準確，尤其初次操作時最好要以溫度計測量，但操作上本書列出下列資料，可被用來粗估加熱所需的時間，如表10-1所示。

表10-1　肉塊加熱至所要的中心溫度所需的時間

厚度（公分）	55℃（分鐘）	60℃（分鐘）	64℃（分鐘）
0.5	3	3	3
1.0	9	9	10
2.0	32	34	37
3.0	74	76	77
4.0	125	128	131
5.0	192	195	197
6.0	271	276	277

※ 1. 真空包裝的肉塊，從5℃的冰箱中取出後直接泡入熱水中
　　2. 加熱的水溫高於設定的中心溫度0.5℃

- 表10-1列出肉塊厚度及加熱至所設定之中心溫度所需的時間，這個時間會受到下列因素影響：肉塊一開始的溫度、大小及厚度。肉塊的厚度每增加一倍，通常加熱所需的時間增加約四倍，所以2公分厚的肉塊，中心溫度達到所設定的溫度所需的時間約為1公分肉塊的4倍。
- 根據Juneja and Snyder(2007)的實驗數據，厚度小於2.5公分的肉塊，加熱15～30分鐘內，其中心溫度與設定的水溫約差1～2℃，所以厚度小於2.5公分厚的肉塊，加熱三十分鐘內，就可以到達巴斯特殺菌之溫度。
- 重量約190克的雞胸肉，真空包裝後放入66℃的熱水中加熱，23分鐘後平均中心溫度約可達60℃。

柔嫩肉塊真空烹調的基本步驟

1. 挑選食材：
   依食材或菜餚之考量，決定所需的熟度及相對應的食材**中心溫度**。
2. 設定熱水循環機的加熱溫度：
   相同或略高0.5～5℃於所欲達到的中心溫度，計算中心溫度達到設定溫度所需的時間(參照上表)，及達巴斯特殺菌所需持續的時間(參照48頁)
3. 依設定的時間將肉塊取出：
4. 快速降溫並儲存於3℃以下的冰箱中，或完成菜餚的製作。

第三節 真空烹調於質地堅硬家畜及家禽之運用

以真空烹調法來料理肉質硬實的肉塊，溫度設定的原則：

- 高到足以**讓膠原蛋白水解**來軟化肉質。
- 要低到**不會使肌肉纖維過度凝結**而變硬或乾澀。

膠原蛋白的水解需要時間，**溫度愈高，變性水解的速度愈快**。膠原蛋白在50℃左右開始變性，60℃以上才比較可以感受到膠原蛋白的水解。真空烹調所使用的溫度有時會低於60℃，因此烹調時間可以長達36小時以上，才足以讓膠原蛋白充分的水解，至於真正要煮多久，才能讓膠原蛋白充分的水解，很難一概而論，因為膠原蛋白的強度取決於分切部位、品種、飼養方式等。因此廚師必須針對自己廚房所用的肉塊測試。而每位廚師喜歡的口感也不盡相同，因此可以參考本書所用的數據，加以測試調整，找出合乎自己廚房需求的溫度與時間組合。

低溫除了可減少肌纖維的過度變性外，也可避免膠原蛋白的過度收縮。膠原蛋白的收縮，會造成肉塊汁液因擠壓而流失，溫度愈高，收縮現象愈明顯。當加熱溫度到達58～60℃時，就可感受到膠原蛋白少量的收縮，64℃以上收縮的現象就很顯著，85℃時肉塊的收縮達到最大，因此以真空烹調方式料理肉質硬實的肉塊，常用的溫度為57～64℃，但豬腳之類含皮、筋之類的肉塊，有些廚師會用68℃或更高的加熱溫度。溫度過低，很難讓它們充分的水解。

廚師也可藉由增減加熱時間，讓肉塊具咬勁或入口即化。廚師可藉由長時間低溫加熱，料理出入口即化的五分熟牛肉、豬肉等。例如以62℃烹煮豬肋排20小時，可以讓豬肋排柔嫩多汁、肉色呈些許粉紅。雖然是粉紅色的豬肉，但加熱的時間已經遠超過巴斯特殺菌的要求，所以不會有安全衛生上的問題。不過這種略帶粉紅七分熟的豬肉，與傳統的飲食習慣是有相當大的差異，並非每個人都可以接受，操作上必須要考量客人的飲食習慣。

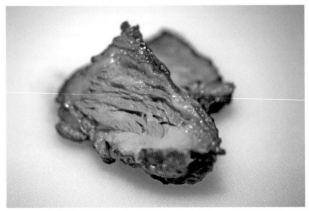

▲ 美國牛小排以58℃燉煮24小時，口感柔嫩多汁

堅硬肉塊真空烹調的基本步驟

1. 挑選食材：
   依食材或菜餚之考量，設定所需的熟度及柔嫩度。決定及設定食材的中心溫度及加熱時間(請參考表10-2)。
2. 設定熱水循環機的加熱溫度：
   相同或**略高**0.5～5℃於所欲達到的中心溫度。
3. 依設定的時間將肉塊取出。
4. 迅速降溫：
   迅速以冰浴法降溫，並儲藏於3℃以下的冰箱中。
5. 依需求完成菜餚的製作（如有需要可先將食物復熱）。

表10-2　肉質堅硬的肉塊建議的加熱時間

部位	溫度	略帶咬感	質地柔嫩
牛嫩肩	60℃	6小時	12小時
牛梅花	60℃	8小時	16小時
牛腩	66℃	24小時	36小時
牛腱	64℃	24小時	36小時
羊小腿	64℃	24小時	36小時
羊腿	64℃	24小時	36小時
羊肩	58℃	18小時	30小時
豬肋排	64℃	12小時	20小時
豬梅花	64℃	6小時	12小時
豬腳	67℃	20小時	30小時
豬腱	64℃	12小時	24小時
雞腿(肉雞)	63℃	1小時	1.5小時
雞腿(放山雞)	63℃	1.5小時	3小時
鴨腿	63℃	8小時	12小時

※ 1. 豬肉溫度低於64℃會有較明顯的粉紅色，雞肉要67℃以上才不會有生肉的感覺。
2. 本表所列的數據，只是參考用，每一機構必須依其慣用的肉品，以表中所列出的溫度及時間，進行測試，依需求調整溫度及時間。
3. 建議的時間，會受許多因素的影響。包括品種、飼養方式、肉的評級、個人喜好等。

第十一章　真空烹調之運用——牛、羊

第一節 真空烹調於牛、羊類柔嫩部位之運用

　　牛及羊的屬性相近似，真空烹調的考量也雷同，過去廚師烹煮質地柔嫩之牛、羊肉時，主要是仰賴**手指觸壓**、**溫度計**等來判定肉塊烹煮的程度或熟度。但對牛排而言，若厚度不足，很難以溫度計準確地判定其熟度。此時就必須依賴經驗——廚師的眼睛及手指，來判定牛排的熟度。而厚切的牛排，傳統炭烤方式又免不了會讓最外層的牛肉出現過熟的問題，要能精準的掌控牛肉的熟度，經驗是火候掌控的重要關鍵。真空烹調在操作上相較之下簡單許多，廚師只需設定好**熟度**及所**對應的溫度**即可。

　　對熟度的認知會受許多的因素影響，包括國別、城鄉差異、個人因素等，就熟度所對應的溫度而言，通常法國人會採較低的溫度，臺灣、美國等則會採較高的溫度，都會區往往會較非都會區採用較低的溫度。

　　烹煮肉質**柔嫩**部位之肉塊時，最重要的準則就是肉塊的中心溫度愈高，肉質就會愈乾澀硬實。

牛羊肉之熟度及相對應溫度

一分熟（Bleu meat）45～50℃

僅限於肉塊表面的烹煮，内部只是微溫，
尚未因受熱影響而引發變化，肉塊壓起來
相當柔軟，就如同生肉般。

三分熟（rare）50～55℃

僅有少部份蛋白質凝結。以手指觸壓時，
開始有少許的阻力，但感覺上相當柔軟。
肉塊的表面會滲出些許的血水，内部仍呈
深紅色。

四分熟（medium rare）55～60℃

肉色呈粉紅偏紅狀態，且肉塊壓起來仍然
柔軟。

五分熟（medium）60～65℃

膠原蛋白已經達到相當程度的收縮，有更多的汁液被壓擠出來，肉塊的表面會出現許多一顆顆的血水滴。肌紅蛋白於60℃以上開始變性，肉塊的內部呈淡灰褐到粉紅色。

七分熟（medium-well）65～69℃

肉塊大部份呈灰褐色，僅剩少許的粉紅色區塊，肉質明顯的變乾。

全熟（well-done）70℃以上

肉塊的蛋白質幾乎已經完全變性凝結，壓起來相當硬實，肉塊內部呈灰褐色，吃起來口感乾澀堅硬。

第二節 真空烹調於牛、羊類堅硬部位之運用

　　就歐美地區的飲食習慣而言，牛羊這類的紅肉，肉質柔嫩的部位，多半烹煮至3～7分熟食用；肉質**堅硬**的部位，傳統的烹調方式只能烹煮出**全熟**的菜餚，因為質地堅硬的肉塊，傳統上是以**溼熱**的烹調方式料理。

　　雖然強調是要以小火燉煮，但烹煮的溫度都超過85℃，在這溫度下，**肌纖維會過度變性**，讓口感變得乾澀，膠原蛋白一開始會收縮，讓肉塊變形、汁液流失，而**長時間的燉煮，膠原蛋白水解成明膠**，彌補肉塊流失的水份，讓肉塊仍可維持一定程度的滑順口感，因此質地堅硬部位之牛羊肉，傳統烹調方式只能烹煮出全熟的肉塊。

　　真空烹調法沒有這種限制，廚師可依喜好，輕易的料理出五分或七分熟且質地柔嫩的燉牛肉或羊肉，操作上真空烹調運用的是**低溫長時間加熱**，低溫讓肌纖維不會過度變性凝結，長時間的加熱可以讓膠原蛋白充分的水解，使肉塊軟化肉質不乾澀，其所用的加熱溫度通常都是介於57～64℃之間。當溫度低於60℃，肌紅蛋白幾乎不變性，讓肉塊可保有鮮紅的肉色，不會變灰，這也就是說廚師可以料理出五分熟的紅酒燉牛肉，只不過這麼低的溫度，要讓膠原蛋白變性來軟化肉質的時間就要非常的長，所需的時間有時會長達48小時以上。

　　膠原蛋白的強度會受分切部位、品種、飼養方式等影響，甚至於同一部位，不同國家的牛隻，飼養方式不同，肉質上會有所差異。例如同樣嫩肩牛肉，澳洲牛肉需要加熱較長的時間才能達到與美國牛肉相近似的嫩度。

滷牛腱

菜餚示範　黃國維 主廚

滷牛腱

食材

牛腱肉	1條
香芹子	180克
黑胡椒	140克
芥末子	90克
茴香子	90克
八角	40克
荳蔻	18克
丁香	18克
辣椒片	10克
鹽	240克
美麗紅	12克
二砂	140克
水	8公升
花椒粒	適量

做法

1. 將所有的醃漬液材料混和均勻；
2. 將整條牛肉對半直剖；
3. 將牛肉放入醃漬液中冷藏浸泡1個星期；
4. 以清水沖洗並擦乾；
5. 真空密封，以63℃烹調12個小時；
6. 冰鎮冷卻；
7. 將包裝拆除並擦乾，切片。

牛菲力佐綠胡椒醬汁

菜餚示範　黃國維 主廚

牛菲力佐綠胡椒醬汁

食 材		做 法

食 材

牛菲力

牛菲力	120克
橄欖油	適量
奶油	25毫升
蒜頭	1瓣
百里香	1株

烤／煎小洋芋

奶油	1小匙
百里香	2株
鹽及胡椒	少許

綠胡椒醬汁

紅蔥頭碎	1小匙
綠胡椒	2小匙
白蘭地酒	15毫升
褐高湯	60毫升
鮮奶油	15毫升

蒜頭土壤

蒜頭碎	1大匙
紅蔥頭碎	1大匙
麵包粉	3大匙
細香蔥碎	1小匙
松子粗碎	1小匙
海鹽	少許
研磨黑胡椒	少許

做 法

牛菲力

1. 橄欖油倒入容器中，並放入58℃的恆溫熱水中；
2. 牛肉放入隔水加熱的橄欖油中，加熱至少30分鐘；
3. 牛肉取出並以鹽、胡椒調味後，直接放入熱的煎鍋中煎上色。牛肉翻面後，加入奶油塊，依喜好可加入蒜頭、百里香等香味食材，過程中可以湯匙舀熱油淋在牛肉上。牛肉二面煎上色後即可起鍋。

烤／煎小洋芋

1. 準備一真空袋，放入切對半小洋芋，加入奶油、百里香、鹽及胡椒，抽真空並用85℃，調理約45分鐘；
2. 取出後擦乾並用225℃烤箱烤上色，或是用煎板煎上色備用。

綠胡椒醬汁

1. 紅蔥頭碎以小火炒軟，加入綠糊椒，炒的同時將其壓破，讓香味釋放；
2. 以白蘭地酒去渣，加入褐高湯濃縮約剩一半；
3. 最後加入鮮奶油，煮至所要的濃稠度。

蒜頭土壤

1. 蒜頭，紅蔥頭分開炸酥，切碎備用；
2. 麵包粉用150℃烤箱烤上色；
3. 拌入蒜頭碎，紅蔥頭碎，細香蔥碎，松子粗碎，海鹽，研磨黑胡椒。

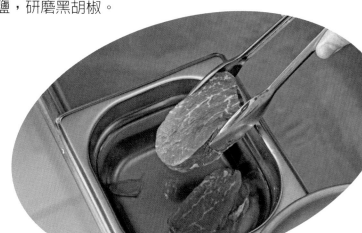

烤羊肋排佐甜菜泥

菜餚示範　黃國維 主廚

烤羊肋排佐甜菜泥

食材

帶骨羊肋排
橄欖油	15毫升
蒜頭，切片	2瓣
百里香	2株
鹽及胡椒	少許
芥末醬	1大匙

真空甜菜根
甜菜根	1顆
鹽	少許
胡椒	少許

巴西利香草麵包粉
麵包粉	6大匙
蒜頭泥	1大匙
巴西利碎	1大匙
溶化奶油	25克
鹽	少許

做法

帶骨羊肋排
1. 先將羊排骨頭上的肉渣清除乾淨，骨頭用錫箔紙包起；
2. 羊菲力部份調味並放入真空袋，加入橄欖油，蒜頭片，百里香，低溫58℃調理40分鐘；
3. 取出後吸乾，煎上色，吸乾多餘油脂。抹上芥末醬，再將香料麵包粉鋪在羊菲力上，用220℃烤上色即可。

真空甜菜根
1. 甜菜根清洗乾淨、去皮、切塊，放入真空袋。用100℃蒸烤箱，蒸熟即可；
2. 取出後，打碎、過篩、加熱、調味。

巴西利香草麵包粉
所有材料拌均勻即可，並調味備用。

烤羊肋排佐褐醬汁

菜餚示範　周建華 老師

烤羊肋排佐褐醬汁

食材

帶骨羊肋排

羊肋排，法式	1片
迷迭香	1株
百里香	2株
芥末醬	1大匙
橄欖油	15毫升
鹽及胡椒	適量

Persillade

麵包粉	150克
蒜頭，泥	10克
巴西利，切碎	35克
奶油，溶化	75克
鹽	1小匙

褐醬汁

褐醬汁	80毫升
紅酒	25毫升

做法

帶骨羊肋排

1. 羊排以鹽胡椒調味，大火將羊排煎上色，取出、冷卻將煎鍋中多餘油脂倒掉；
2. 將羊排放入真空包裝袋，放入迷迭香、百里香、橄欖油後，抽真空密封；
3. 放入58°C的熱水中，**煮約30分鐘**；
4. 取出羊肋排，但袋子中的液體須保留備用；
5. 羊肋排表面抹上芥末醬，沾上persillade、並壓緊實。放入225°C的烤箱中，直到呈金黃色，約3分鐘。

Persillade

1. 甜菜根清洗乾淨、去皮、切塊，放入真空袋。用100°C蒸烤箱，蒸熟即可；
2. 取出後，打碎、過篩、加熱、調味。

褐醬汁

1. 煎羊排煎鍋中的多餘油脂倒掉，以紅酒去渣，倒入褐醬汁及煮羊排的液體；
2. 煮至所要的濃稠度，鹽、黑胡椒調味即可。

羊里肌佐青豆泥時蔬

菜餚示範　黃國維 主廚

羊里肌佐青豆泥時蔬

食材

羊里肌
羊里肌	1公斤
橄欖油	15毫升
蒜頭，切片	1瓣
百里香	1株
鹽及胡椒	適量

青豆泥
青豆仁	100克
洋蔥	20克
雞高湯	20毫升
鮮奶油	30毫升
薄荷	2葉
茵陳蒿	1株

時蔬
皇帝豆	10粒
青豆仁	2大匙

做法

羊里肌
1. 羊里肌，鹽及胡椒調味後，放入真空袋。並加入蒜頭片，百里香，橄欖油，抽真空並以58℃烹煮40分鐘；
2. 取出後，擦乾，煎上色。切厚片即可服務。

青豆泥
1. 洋蔥切小丁炒軟備用，加入雞高湯，放入青豆仁煮軟，最後加入薄荷、茵陳蒿。冰鎮降溫，倒入pacojet的鋼杯中，冷凍隔夜；
2. 隔日，用pacojet打碎，過篩；
3. 服務時，青豆泥放入鍋中，加熱並調味，以鮮奶油調整稠度，即可服務。

時蔬
1. 皇帝豆，汆燙燙熟後去薄膜，冰鎮備用；
2. 青豆仁，汆燙八分熟冰鎮備用；
3. 服務時，以少許雞高湯、奶油復熱。

烤威靈頓牛排佐Madeira醬汁

菜餚示範　周建華 老師

烤威靈頓牛排佐Madeira醬汁

食材

牛菲利

牛菲利(中段)	1公斤
黑胡椒、鹽	適量

Duxelles

奶油	50克
紅蔥頭	50克
蒜頭	50克
洋菇	20克
truffle oil	3小匙
巴西利，切碎	1支
芥末粉，英式	適量

phyllo dough

phyllo dough	6張
澄清奶油	適量

Madeira醬汁

褐醬汁demi-glace	200毫升
Madeira酒	60毫升
黑胡椒、鹽	適量
奶油，切丁	60克

做法

牛菲利

1. 牛菲利以鹽、黑胡椒調味後，以熱鍋、大火快速的煎上色；
2. 放進真空包裝袋中密封，放進59℃的熱水中煮1小時，取出冷卻備用。

Duxelles

1. 紅蔥頭以奶油炒軟，加入切碎的洋菇，將多餘的水份炒乾，最後加入巴西利碎、芥末粉，並進行調味；
2. 起鍋前拌入truffle oils，冷卻備用。

phyllo dough

1. 將phyllo dough放置於烤盤紙上，刷上奶油。每放一張，刷上一層奶油；
2. 在酥皮上鋪上一層Duxelles，牛肉灑上英式芥末粉後放置於Duxelles上，牛肉上再均勻的鋪上一層Duxelles將酥皮捲起覆蓋住整塊牛肉，將多餘的酥皮切除，交接處需留約二公分的酥皮；
3. 以蛋液來黏合酥皮；
4. 表面刷上澄清奶油，以180度的烤箱，烤15分鐘。

Madeira醬汁

1. 將demi-glace放入醬汁鍋中，以中小火加熱濃縮約剩2/3；
2. 加入Madeira酒，以鹽、黑胡椒調味；
3. 轉小火，慢慢將奶油打入其中。

紅酒燉牛肉

菜餚示範　黃國維 主廚

紅酒燉牛肉

食材

牛肩肉

牛肩肉(4～5cm肉塊)	600克
洋蔥	50克
紅蘿蔔	25克
西芹	25克
蒜頭	2瓣
番茄糊	2大匙
麵粉	2大匙
褐高湯	1公升
Burgundy紅酒	250毫升
巴西利梗	2支
黑胡椒粒(壓碎)	5粒
百里香	1株

裝飾蔬菜

小胡蘿蔔	250克
奶油	25克
綠蘆筍	250克
橄欖油	1大匙

做法

牛肩肉

1. 先將牛肉與調味蔬菜，香料放入真空袋中，加入紅酒，抽真空，醃漬一晚；
2. 倒出紅酒並保留，牛肉擦乾，用平底鍋煎上色，平底鍋用紅酒去渣，牛肉放涼備用；
3. 調味蔬菜炒上色後加入番茄糊，將番茄糊的酸味炒掉後，放涼；
4. 將保留醃牛肉的紅酒加熱到滾，撈除浮渣，迅速冷卻；
5. 準備一大真空袋，放入紅酒，牛肉，調味蔬菜，褐高湯，並以低溫60℃，**烹煮10小時**；
6. 完成後取出湯汁，濃縮致所需稠度，加入肉塊，奶油蔬菜即可服務。

裝飾蔬菜

1. 紅蘿蔔去皮，調味放入真空袋並加入奶油抽真空，並以85℃烹調30分鐘，取出後備用；
2. 綠蘆筍去除粗纖維部份，調味放入真空袋，加入橄欖油抽真空，並以85℃烹調10分鐘。如不馬上使用，立刻冰鎮；
3. 出餐時，直接將真空袋中蔬菜倒入煎鍋中加熱，加入奶油拌炒，讓蔬菜復熱；
4. 放入烹調好的蔬菜並裹上醬汁。

羊肩肉 春天時蔬佐羊肉汁

食材

法式羊肩肉
法式羊肩肉	1片
橄欖油	15毫升
蒜頭，切片	2瓣
百里香	2株
鹽及胡椒	少許

羊肉汁
羊骨	1片
褐雞高湯	500毫升
乾蔥	60克

春天時蔬
小節瓜	6支
小蘿蔔	6支
甜菜根	1/2顆
小洋蔥	8粒
蘆筍	5支
奶油	3大匙
高湯	50毫升
鹽和胡椒	少許

做法

法式羊肩肉
1. 帶骨羊肩排，去骨後以鹽及胡椒調味，放入真空袋，並加入蒜頭片，百里香，橄欖油，抽真空並以58℃烹煮12小時，取出後放入冰塊水中迅速降溫，並置於3℃的冰箱中保存；
2. 上桌前將羊肉置於55℃的熱水中復熱30分鐘，將羊肉從真空袋中取出，擦乾，以大火煎上色，切厚片即可服務。

羊肉汁
1. 將取下的羊骨，剁小塊，用奶油煎上色，放入乾蔥，上色後，加入褐色雞高湯；
2. 小火煮1小時後，過濾濃縮備用。

春天時蔬
1. 節瓜對半切，加入奶油，放入真空袋，用84℃蒸烤箱蒸熟，約30分鐘，冷卻後備用；
2. 甜菜根去皮、剖半後，放入真空袋，用84℃蒸烤箱蒸熟，約50分鐘，冷卻後備用；
3. 小紅蘿蔔，加入奶油，放入真空袋抽真空，並以84℃烹調45分鐘，冷卻後備用；
4. 小洋蔥，加入奶油，放入真空袋，用84℃蒸烤箱蒸熟，約30分鐘，冷卻後備用；
5. 蘆筍，去除粗纖維，調味真空並以85℃烹調8分鐘，冰鎮備用；
6. 用高湯，奶油glace，在出餐時，準備高湯並加鮮奶油，放入小蘿蔔、蘆筍汆燙並將小蔬菜盛盤，汆燙液體打泡沫。

菜餚示範　黃國維 主廚

蒜香羊排

食材

蒜香羊排

羊肩排	600克
蔥段	1支
薑片	4片
米酒	30毫升
鹽及胡椒	少許
青蔥碎	1大匙
辣椒碎	1大匙

蒜香佐料

香油	1大匙
新鮮蒜碎	3大匙
蒜頭酥	3大匙
紅蔥頭酥	5大匙

做法

蒜香羊排

1. 帶骨羊肩排，放入真空袋，加入蔥、薑、米酒、鹽及胡椒，抽真空並以58℃烹煮18小時。取出後放入冰塊水中迅速降溫，並置於3℃的冰箱中保存；
2. 上桌前將羊排從真空袋中取出，擦乾；
3. 以180℃油溫炸至表面金黃，約1分鐘；
4. 取出後趁熱拌入炒好的蒜香、青蔥碎、辣椒碎，鹽及胡椒調味，拌勻後即可盛盤。

蒜香佐料

1. 以少許油炒香新鮮蒜碎；
2. 再加入蒜頭酥、紅蔥頭酥，炒香後備用。

菜餚示範　周建華 老師

第十二章　真空烹調之運用——豬肉

第一節 旋毛蟲的迷思

西方的飲食習慣上，豬肉被視為是白色肉的一種，因此豬肉必須煮至**全熟**才能食用，食品衛生安全的教科書也會強調，豬肉必須吃全熟，否則會有感染旋毛蟲(Trichinella spiralis)的風險，但旋毛蟲的問題真的有這麼嚴重？

為了避免旋毛蟲的感染，政府部門的相關衛生單位都會要求，豬肉必須烹煮至全熟才安全，過去美國農業部(USDA)及食品藥物管制局(FDA)等，皆要求必須將豬肉煮到**中心溫度71°C以上**才不會有感染旋毛蟲的風險，臺灣當然也不例外，同樣的也要求必須將豬肉加熱到中心溫度達到70°C以上，從廚藝的觀點來看，豬肉煮至70°C早就乾澀如柴，失去商業價值。

從感染旋毛蟲的風險來看，豬肉烹煮到70°C以上達到所謂的「安全中心溫度」本身意義並不大，因為：

- **養豬技術**精進、**飼養環境**大幅的改善，讓已開發國家商業上所飼養的豬隻，幾乎不會受到旋毛蟲感染的威脅。
- 大部份商業上所販售的豬肉為**冷凍豬肉**，若有旋毛蟲，早就已經死亡。

旋毛蟲可以很容易以**加熱**烹煮的方式被殺死，依國際旋毛蟲委員會，對肉食用的野生動物，所建議應達到的中心溫度及時間如表12-1。

50°C以上就足以將旋毛蟲殺死，溫度達到62°C以上，旋毛蟲是**立刻死亡**，此溫度下的豬肉約只有5～6分熟，也就是說不論是美國或是臺灣的衛生部門都過度的擔心旋毛蟲的威脅。

雖然從衛生的角度來看，這種過度的擔心是無可厚非，但從美食的角度來看，它卻是有極大的破壞力，更不用說讓中心溫度高這麼幾度，所多消耗的能源、人力等。

殺死旋毛蟲溫度與時間的組合

表12-1

中心溫度（℃）	持續時間（分鐘）
49.0	21小時
53.4	60
54.5	30
55.6	15
56.7	6
57.8	3
58.9	2
60.0	1
61.1	1
62.2	即刻

資料來源：Recommendations on Methods for the Control of Trichinella in Domestic and Wild Animals Intended for Human Consumption by International Commission on Trichinellosis
http://www.trichinellosis.org/uploads/ICT_Recommendations_for_Control_English.pdf

2009年美國的食品衛生法規(FDA 2009 Food Code)將豬肉的安全中心溫度往下調降至62℃，但需持**續達三分鐘以上**。2011年美國農業部(USDA)也宣布跟進調降，與先前的安全中心溫度比起來降幅達到9℃。這是因為相關的研究發現加熱到62℃的豬肉，其安全性與71℃的豬肉相同，也就是說吃中心溫度62℃的五分熟豬肉，其安全性與全熟的豬肉相同。換句話說，消費者是可以放心的食用略帶粉紅、質地柔嫩多汁的豬肉。不過要讓消費者改變飲食習慣，接受這種略帶粉紅的豬肉是需要時間的。

除了旋毛蟲外，豬肉中另一種常見的致病菌就是沙門氏菌。不過沙門氏菌並非是豬肉特有的致病菌，事實上家禽類受沙門氏菌污染的情形更為嚴重。因此只需將沙門氏菌殺至6.5-log^{10}，食物中毒的風險可降至最低。

第二節 豬肉真空烹調操作的注意事項

基本上豬肉以55℃以上的溫度加熱，只要時間足夠就能達到巴斯特殺菌標準，並不會有安全衛生上的疑慮，然而對大多數的消費者而言，看到略帶有粉紅色的豬肉是會引起一定程度的恐慌，特別是在臺灣，客人絕對會將這樣的豬肉退回。

因此本書建議在臺灣最好是以63～64℃以上的溫度來加熱(國外常用的溫度為60～64℃之間)，以避免引發顧客的恐懼，造成餐廳營運上的困擾，不過這種溫度會讓豬肉帶些乾澀的口感，將熱水循環機設在64℃，有時仍會讓煮好的豬肉略帶少許的粉紅色。

豬肉在真空烹調上的操作原則與牛羊肉相同，一樣都是分成肉質柔嫩部位及肉質堅硬部位來考量，只不過豬肉的加熱溫度往往會比牛羊肉略高，不過這純粹只是飲食習慣上的考量。

日式豬排

菜餚示範　黃國維 主廚

日式豬排

食 材		做 法

豬大里肌

豬大里肌
1. 將整塊豬里肌泡入滷水中，於冰箱中浸泡隔夜；
2. 取出後以清水沖洗、擦乾，放入真空包裝袋中抽真空密封；
3. 放入以62℃**煮90分鐘**；
4. 取出迅速降溫並放入冰箱中備用；
5. 里肌從冰箱中取出，切成約1.5公分厚，沾麵粉→蛋液→麵包粉(三溫暖)，沾粉後必須放入冰箱至少30分鐘；
6. 以175℃熱油，炸至上色，取出後置於吸油紙上吸油。

豬大里肌	1公斤
麵粉	60克
蛋	2顆
日式麵包粉	100克

南瓜泥

南瓜泥
1. 南瓜剖半去籽，抹油後，放入平底鍋烤，蓋上錫箔紙；
2. 烤軟後將肉挖出，放入果汁機，加入奶油打均勻，過篩備用。

| 南瓜 | 300克 |
| 奶油 | 30毫升 |

米餅

米餅
1. 將米加水煮爛，像是粥，鹽胡椒調味，用果汁機打碎；
2. 加入黑芝麻，抹在烤盤紙上，用食物烘乾機，烘乾；
3. 油加熱到冒煙點，將烘乾的米餅快速油炸至膨大即可。

| 米 | 100克 |
| 黑芝麻 | 20克 |

豬滷水

豬滷水
水煮滾後加入糖、鹽，煮約5分鐘，至溶化，放涼。

水	1公升
鹽	50克
糖	100克

叉燒

菜餚示範　黃國維 主廚

叉燒

食 材		做 法

豬梅花

豬梅花	1.2公斤
叉燒汁	350克
細砂糖	1公斤
麥芽糖	500克
米酒	50克

豬梅花

1. 豬梅花放入真空袋，加入叉燒汁後抽真空密封；
2. 放入62℃**熱水煮8小時**，取出迅速降溫後放入冰箱中保存；
3. 食用前，將袋中的叉燒汁倒入湯鍋中，加熱到滾，加入細砂糖、麥芽糖及米酒，加熱至糖溫125℃，離火；
4. 將叉燒肉從袋中取出並擦乾，均勻塗抹上濃稠的醬汁，並放置於網架上；
5. 進烤箱275℃烤5-7分鐘，至表面上色。

叉燒汁

味精	20克
鹽	80克
細砂糖	600克
香麻油	40毫升
淡色醬油	400毫升
生醬	80克
碎紅蔥頭	60克
米酒	60毫升

叉燒汁

1. 先將生醬與砂糖、鹽、味精拌勻；
2. 再拌入液體材料；
3. 拌入紅蔥頭。

生醬

與所有材料拌勻。

生醬

細砂糖	30克
芝麻醬	30克
海鮮醬	30克
甜麵醬	75克

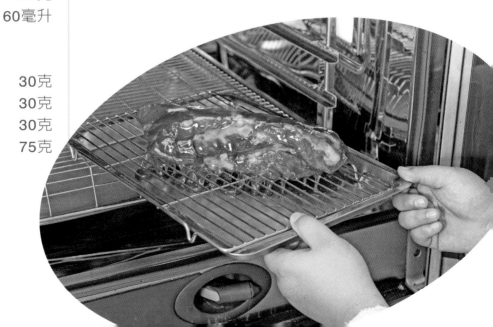

東坡肉

菜餚示範 黃國維 主廚

東坡肉

| 食材 | | 做法 |

食材

豬五花

豬五花	1.5公斤
麥芽膏	30克

滷汁

蔥段	4支
老薑	30克
蒜頭	50克
紅蔥頭	30克
辣椒	2根
八角	3粒
冰糖	100克
花椒	10克
五香粉	5克
陳皮	10克
香菇素蠔油	100毫升
醬油膏	50毫升
醬油	300毫升
水	1.5公升

做法

豬五花

1. 豬五花皮朝下放置網架上，以醋水小火蒸豬皮10分鐘，放涼；
2. 將豬五花放入真空包裝袋中，加入滷汁，真空密封；
3. 放入恆溫62℃熱水中，**烹煮8小時**；
4. 將袋中汁液倒出過濾，加熱到滾並撈除浮渣；
5. 加入麥芽膏一同濃縮，並放入整塊煮熟的豬五花肉進行復熱；
6. 切塊，盛盤。

滷汁

1. 將蔥段、老薑、蒜頭、紅蔥頭、辣椒拍碎，熱鍋加油並爆香；
2. 八角、冰糖、花椒、五香粉、陳皮、香菇素蠔油、醬油膏、醬油、水，倒入鍋中，與剛才爆香的辛香料同煮滾，濃縮至1/2，過濾，冷卻後備用。

滷豬腳

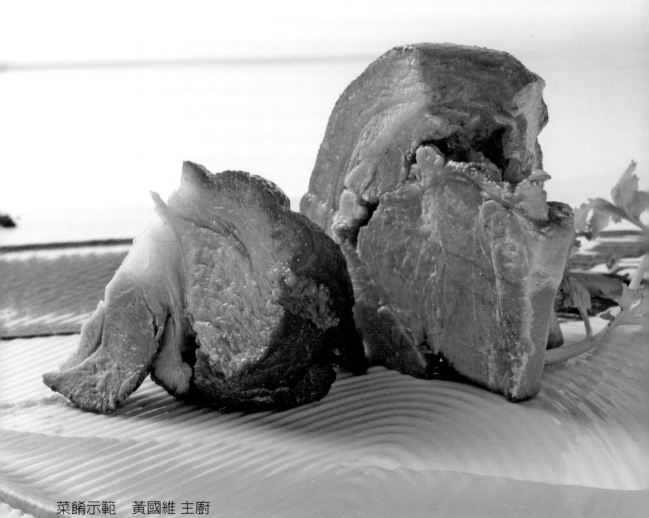

菜餚示範　黃國維 主廚

滷豬腳

食材

豬腳
豬腳	1隻
麥芽膏	30克

滷汁
蔥段	4支
老薑	30克
蒜頭	50克
紅蔥頭	30克
辣椒	2根
八角	3粒
冰糖	100克
花椒	10克
五香粉	5克
陳皮	10克
香菇素蠔油	100毫升
醬油膏	50毫升
醬油	300毫升
水	1.5公升

醃漬液
鹽	50克
糖	150克
美結磷	2.5克
五香粉	10克
花椒	5克
八角	2粒
陳皮	13克
水	1.5公升

做法

豬腳
1. 將豬腳放入醃漬液中冷藏一個星期；
2. 將豬腳取出，將豬腳露出來的肉以濕布包起，於豬皮表面塗抹白醋，放置於網架上蒸15分鐘；
3. 將豬腳取出，放置於冰塊水中急速降溫，備用；
4. 將豬腳放入真空包裝袋中，加入滷汁，真空密封；
5. 放入恆溫 64℃熱水，烹煮18小時；
6. 將袋中汁液倒出過濾，加熱並撈除浮渣；
7. 加入麥芽膏一同濃縮，並放入整塊豬腳，進行復熱；
8. 切塊，盛盤。

滷汁
1. 將蔥段、老薑、蒜頭、紅蔥頭、辣椒拍碎，熱鍋加油並爆香；
2. 八角、冰糖、花椒、五香粉、陳皮、香菇素蠔油、醬油膏、醬油、水，倒入鍋中，與剛才爆香的辛香料同煮滾，濃縮至1/2，過濾，冷卻後備用。

醃漬液
所有材料放入鍋中煮滾，冷卻備用。

美式BBQ豬肋排

菜餚示範　黃國維 主廚

美式BBQ豬肋排

食材

豬肋排

豬肋排	1付

醃料粉

匈牙利紅椒粉	7克
鹽	7克
洋蔥粉	3克
蒜粉	3克
凱茵紅椒粉	3克
白胡椒粉	2克
黑胡椒粉	2克
乾燥百里香粉	2克
乾燥奧勒岡粉	2克

BBQ醬汁

番茄醬	500克
美式黃芥末醬	300克
白醋	100毫升
黑糖	50克
糖蜜	30毫升
蜂蜜	30毫升
洋蔥粉	40克
蒜粉	20克
肉桂粉	1小匙
孜然粉	1小匙
TABASCO	8滴
煙薰液	少許

做法

豬肋排

1. 將醃料粉均勻灑在豬肋排上；
2. 放入真空袋中抽真空，以恆溫62℃烹調20小時；
3. 水浴法冷卻；
4. 食用時，取出肋排擦乾，均勻淋上橄欖油；
5. 放至烤箱290℃，烤5-8分鐘，至上色；
6. 分切後搭配BBQ醬汁食用。

醃料粉
將所有材料混合均勻成醃料粉。

BBQ醬汁

1. 將所有材料混合均勻並加熱至滾，離火；
2. 離火後加入數滴煙薰液。

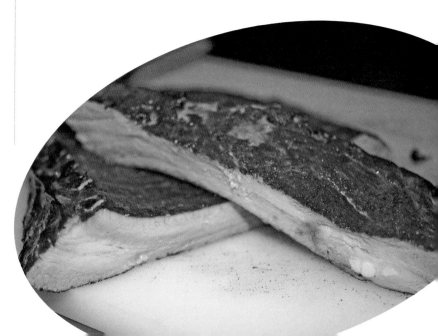

糖醋排骨

菜餚示範　周建華 老師

糖醋排骨

食材

豬肋排

豬肋排	2公斤
蔥段	1支
薑片	4片
醬油	30毫升
米酒	30毫升
太白粉	50克
地瓜粉	50克
蛋液	50克
香油	1匙

炒料

蔥段	2支
蒜片	20克
青椒	30克
紅椒	30克
黃椒	30克
洋蔥	50克

糖醋醬汁

砂糖	1.5大匙
醋	1大匙
番茄醬	3大匙
醬油	1/2大匙
水	1/4碗

做 法

豬肋排

1. 豬肋排、蔥、薑、醬油、米酒，放入真空袋中抽真空，以恆溫62℃烹調24小時；
2. 水浴法冷卻；
3. 食用時，取出肋排擦乾，去骨，切成5公分一段；
4. 沾太白粉→蛋液→地瓜粉，以180℃的熱油炸至表面金黃，約1分鐘；
5. 熱鍋熱油，爆香炒料裡的蔥段、蒜片，加入番茄醬略炒出香氣後，加入水、砂糖、醋、醬油，煮至濃稠；
6. 加入炸好的肋排，煮約30秒，加入三色甜椒、洋蔥，略微拌炒一下；
7. 起鍋前淋香油，即可盛盤。

第十三章　真空烹調之運用——家禽

第一節 沙門氏菌的迷思

家禽類(特別是雞)烹調上的安全性，總是充滿著許多的疑慮，雞肉最大的恐懼是來自**沙門氏菌**造成的污染。

雞的腸道糞便中少不了會有沙門氏菌等致病菌的存在，宰殺過程中，其表皮、腹腔等很容易會受到糞便污染。雞體積不大，經常是整隻販售，消費者很容易就會買到被沙門氏菌所污染的雞隻。因此看到雞及其相關製品，很自然的會讓人聯想到引發食物中毒的沙門氏菌，就如同豬肉中的旋毛蟲一樣，雞及家禽中的沙門氏菌，往往也引發了過度的恐慌。

根據美國疾病管制局(CDC)統計資料顯示，2006～2011年所爆發的大規模沙門氏菌中毒事件有31件，其中由雞或家禽類引發的僅有6件，蔬菜、水果、乾果類等佔大多數(www.cdc.gov/salmonella/outbreaks.html)。

事實上，常引發家禽類食物中毒的細菌反而是**曲狀桿菌**(Campylobacter)。美國疾病管制局於2011年的調查報告中指出，47%於美國超市所販售的雞，有曲狀桿菌的污染。英國食品標準局(Food Standards Agency)也指出，英國所販售的雞，超過64%受到曲狀桿菌的污染，報告中進一步指出，英國每年有超過280,000人感染曲狀桿菌，其中超過8成的曲狀桿菌中毒，都是由**雞**所引起，為了降低曲狀桿菌的汙染，英國的衛生單位建議，雞隻買回家後，不要沖洗，以避免曲狀桿菌隨著噴濺的水滴污染整個水槽。

為了要避免引發食物中毒，各國的衛生單位針對傳統的烹調方式，都訂定雞肉烹煮的最低中心溫度。2006年以前美國農業部所建議的雞肉的最低中心溫度至少都在77℃以上。到了2006年才將最低的中心溫度調降為74℃。然而中心溫度達到74℃以上的雞肉，口感乾澀失去商業價值。

第二節 家禽的巴斯特殺菌及注意事項

美國食品安全檢驗局(Food Safety and Inspection Service），針對家禽類的烹調要求是必須將沙門氏菌殺滅至7.0-log^{10}。雖然美國家禽採用的最低加熱溫度為58℃，這樣的雞肉還不到五分熟。而西方人傳統的飲食習慣，**白色肉是吃全熟**，紅色肉則可以有三分、五分、七分等不同的熟度，為了顧及飲食習慣，避免以60℃以下的溫度來烹煮雞肉。

家禽類的肉色有白色肉及紅色肉二大類。**白色肉的家禽**以雞肉為典型的代表，傳統上一定是吃全熟，**紅色肉的家禽**以鴨肉為典型的代表，傳統上經常是吃三～五分的熟度，同樣是家禽類，二者於真空烹調的操作上會有所不同。

雞肉煮至全熟，其中心溫度達71℃以上，若以真空烹調方式來烹煮雞肉，以60～65℃煮至五到七分熟，只要加熱時間夠長，可以達到巴斯特殺菌的要求，雖然沒有全熟，食用上是不致於會有安全上的問題。

真空烹調禽類的胸肉時，通常是以62℃來加熱烹煮，禽類的腿肉則為64℃，這樣的烹調溫度會讓雞肉切開後外觀上只會有少許生肉的感覺。若要讓雞肉外觀不會有像生肉的感覺，其溫度要達67℃以上，但這樣的高溫會讓肉吃起來有些乾澀。為了減少乾澀的口感，可先將雞肉**浸泡於5～6%的鹽水**中至少2小時，取出後沖洗乾淨。泡過鹽水的雞肉煮熟後，吃起來感覺比較不會那麼的乾澀。

▲ 雞肉泡於5～6%的鹽水

屬於紅色肉的鴨肉，其胸肉部份，歐美傳統上是吃三～五分熟。因此真空烹調的運用上就如同質地柔嫩的牛、羊肉，操作上要達到巴斯特殺菌的標準。紅肉類型的菜餚，多屬燒烤或煎炒的菜餚，因此以真空烹調法製作時，出菜前表面會經**高溫上色**，此步驟又可進一步殺死絕大多數的殘留細菌。

▲ 出菜前，表面高溫煎上色

第三節 完美的蛋

傳統的西式料理中，蛋通常是要煮至**蛋白部份完全凝結，蛋黃部份為濃稠具流動性**。以傳統烹調的角度來看，廚師們都知道蛋白和蛋黃的凝結溫度不同，粗略的來看：

- 蛋白在60℃左右開始變性，65℃無法流動，約70℃完全凝固成塊。
- 蛋黃約在62℃開始變性，70℃失去流動性，但不會馬上凝固，而是要**持續的加熱**一段時間，蛋黃才會完全的凝結。

藉由蛋白蛋黃凝固溫度上的差異，廚師可以料理出蛋白完全凝固、蛋黃仍然軟嫩的蛋。傳統上，水煮蛋的製作是水滾後：

- 5～6分鐘：**三分熟**的水煮蛋(soft-boiled egg)，蛋黃的中心溫度約為63～65℃。
- 10～12分鐘：**全熟**的水煮蛋(hard-boiled egg)，蛋黃的中心溫度約為85℃。

以傳統烹調的方式，水煮蛋是放入滾水中烹煮，因此容易會有蛋殼裂開、蛋白滲出或煮過熟之類的問題。因此愈來愈多的廚師開始借助熱水循環機，藉由精準的溫控來製作水煮蛋。

所用的溫度通常是介於60～70℃之間，但以62.5～65℃最常見，時間則從45～90分鐘皆有。

▲62℃加熱45分鐘
蛋白凝結，蛋黃濃稠具流動性

▲62℃加熱90分鐘
蛋白凝結，蛋黃幾乎凝結

　　而蛋白質的變性也是一種化學反應，溫度愈高蛋白質變性的速度愈快，這也就是蛋的凝結除了溫度外，也會受到時間的影響，過去一些真空烹調的書籍或是廚師，都強調以低溫、恆溫的加熱，只要蛋的中心溫度達到所設定的溫度後，持續的浸泡於熱水中，蛋的質地將不會進一步受到影響，然而這種說法並非完全正確，因為研究已經證實蛋的凝結是**同時會受時間及溫度的影響**。這也就是為什麼許多廚師所說完美的水煮蛋，所用的溫度與時間往往都不同。

　　因此，要找出合乎自己需求的水煮蛋，可以在這些溫度及時間測試：溫度62.5～65℃，時間45～90分鐘。

帶殼水煮蛋 以63℃恆溫加熱45、60、90分鐘

| 45分鐘 | 60分鐘 | 90分鐘 |

殺菌蛋

　　據估計每20,000顆蛋便有一顆蛋會有沙門氏菌侵入到其中，蛋可置於57℃的熱水中加熱至少75分鐘，便可將沙門氏菌殺死，達到巴斯特殺菌的標準，就是所謂的**巴斯特殺菌蛋**，來殺死蛋的致病菌。

　　在這溫度下，蛋黃的特性幾乎完全不受影響，蛋白則略呈乳白色，蛋白的打發能力略受影響，打發所需的時間明顯拉長，打發後的體積略小。

▲ 57℃的殺菌蛋

里昂沙拉

菜餚示範　黃國維 主廚

里昂沙拉

食 材		做 法

水煮蛋

雞蛋	1顆
培根	60克
捲鬚生菜	120克

水煮蛋

1. 將蛋殼洗淨，放入63.5℃恆溫水中，45分鐘；
2. 培根切粗條，煎上色備用；
3. 生菜襯底，撒上培根條、麵包丁，放上水煮蛋淋上油醋汁即完成。

麵包丁

吐司麵包	1片
澄清奶油	30毫升

麵包丁

1. 吐司切丁，風乾或烤乾；
2. 用澄清奶油炒香，備用。

油醋醬汁

白酒醋	10毫升
橄欖油	30毫升
鹽、胡椒	適量

油醋醬汁

油與醋拌勻，調味備用。

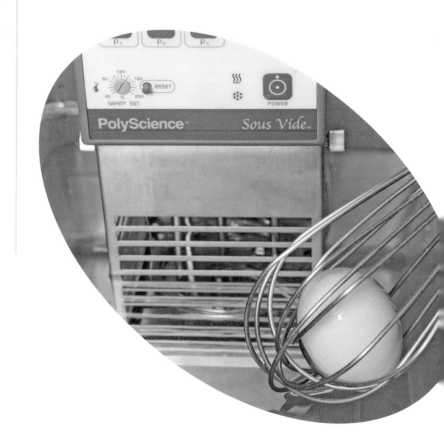

醉雞

菜餚示範　黃國維 主廚

醉雞

食材

雞腿肉
去骨雞腿肉　　　2公斤

藥膳酒液
蔥段　　　　　　1支
薑片　　　　　　3片
人參　　　　　　1束
當歸　　　　　　1片
枸杞　　　　　　30克
雞高湯　　　　　300毫升
紅露酒　　　　　100毫升
紹興酒　　　　　100毫升
鹽巴　　　　　　適量

做法

雞腿肉
1. 雞肉以紗布捲起成柱狀，雞皮朝外，放入5~7%的鹽水，冷藏浸泡隔夜；
2. 雞肉卷以清水沖洗並擦乾，放入真空袋抽真空以**64℃烹煮2小時**；
3. 以水浴法降溫；
4. 剪開紗布將雞肉取出，放入另一包裝袋，並加入藥膳酒液，抽真空，冷藏隔夜即可食用。

藥膳酒液
1. 雞高湯、薑片及青蔥與和藥膳一起煮，小火滾10分鐘；
2. 冷卻後取出蔥段及薑片，加入酒類並進行調味，備用。

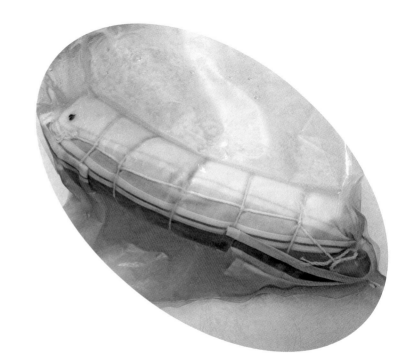

三杯雞

菜餚示範　周建華 老師

三杯雞

食材

雞胸肉

雞胸肉	2公斤
醬油	50毫升
高湯	150毫升
糖	50克
米酒	30毫升
九層塔	50毫升

麻油醃液

麻油	150毫升
薑片	60克
蒜頭	15瓣

做法

雞胸肉

1. 將雞胸肉，放入5~7%的鹽水，冷藏浸泡至少2小時；
2. 取出以清水沖洗並擦乾，放入真空袋，加入麻油醃液，抽真空，以60℃烹煮1小時；
3. 以水浴法降溫；
4. 雞胸肉夾出，袋中湯汁備用；
5. 雞肉切成大丁，並將表面的湯汁擦乾，裹上薄粉，以160℃的熱油炸至表面金黃，約1分鐘；
6. 將真空袋中的麻油醃液加熱，加入醬油、糖、高湯，要試味道，依喜好調整；
7. 醬汁完成後倒入炸好的雞肉，均勻裹上醬汁後，加入九層塔，略拌一下；
8. 倒入加熱好的砂鍋中，蓋上鍋蓋，從蓋子邊緣淋上米酒，即完成。

麻油醃液

1. 加熱麻油，油熱後加入薑片及蒜頭爆香，直到薑片及蒜頭呈現金黃色；
2. 迅速冷卻，備用。

油封鴨腿

菜餚示範　黃國維 主廚

油封鴨腿

食 材	做 法

鴨腿

鴨腿	500克
鴨油	120毫升

鴨腿

1. 鴨腿洗淨，擦乾，用香料鹽醃隔夜；
2. 取出鴨腿洗乾淨後擦乾，放入真空袋及鴨油。並以65℃烹調5小時；
3. 取出後用明火烤箱將表皮烤脆。

香料鹽

粗鹽	100克
杜松子	10粒
百里香	4株
迷迭香	2株
蒜頭	7瓣
粗碎黑胡椒	1小匙

香料鹽

所有材料混合成香料鹽。

配菜

小洋芋	8顆
小高麗菜	6顆
奶油	20克
高湯	1大匙

配菜

1. 小洋芋去皮放入真空袋並加入一大湯匙的高湯，以91℃烹調45分鐘，冷卻後備用；
2. 小高麗菜放入真空袋並以85℃烹調30分鐘，冷卻後備用；
3. 用高湯，奶油glace，在出餐時，準備高湯並加鮮奶、奶油，放入小洋芋、小高麗菜汆燙並盛盤。

柳橙鴨胸

菜餚示範　黃國維 主廚

柳橙鴨胸

食材

鴨胸

鴨胸	1片
橄欖油	10毫升
蒜頭	1瓣
百里香	1株
鹽及胡椒	少許

Gastrique

砂糖	40克
水	少許
白酒醋	60毫升

柳橙醬汁

鴨高湯	120毫升
柳橙汁	30毫升
柳橙皮絲	1小匙

糖漬橙皮絲

柳橙皮	1小匙
糖	1小匙
奶油	1/2小匙
水	適量

配菜

娃娃菜	4株
奶油	2大匙

做法

鴨胸

1. 將鴨胸皮劃刀,調味並放入真空袋,加入蒜片、百里香、橄欖油等,真空密封後,放入58℃的熱水中,烹調45分鐘;
2. 取出後擦乾,將皮煎上色,切片盛盤。

Gastrique

1. 砂糖放入鍋中加入少許的水,加熱至糖液呈焦糖色,離火略降溫;
2. 白酒醋倒入糖液中緩慢加熱拌勻,直到呈糖漿濃稠度,離火,迅速降溫備用。

柳橙醬汁

將鴨高湯倒入鍋中,加熱濃縮,濃縮後倒入柳橙汁、3大匙Gastrique、柳橙皮絲,煮至所需濃稠度。

糖漬橙皮絲

1. 將柳橙皮取下,去除白色苦味部份,切成細絲;
2. 橙皮絲以冷水煮滾倒掉,重覆三次;
3. 以少許奶油、糖、水及汆燙過的橙皮,濃縮至糖漿狀。

配菜

1. 娃娃菜一開四,放入真空袋,加入奶油並以鹽、胡椒調味,放入85℃的蒸烤箱中,加熱約30分鐘;
2. 上桌前,將娃娃菜取出,以奶油煎上色。

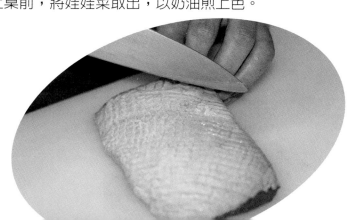

烤鴨

菜餚示範　黃國維 主廚

烤鴨

食材

櫻桃鴨

櫻桃鴨(帶頭)	1隻

醃料

味精	20克
鹽	120克
細砂糖	200克
陳皮粉	2克
沙薑粉(山奈)	2克
肉桂粉	2克

生醬

細砂糖	30克
芝麻醬	30克
海鮮醬	30克
甜麵醬	75克

鴨皮水

醋	2大匙
麥芽糖	6大匙
水	60毫升

做法

櫻桃鴨

1. 將鴨脖子開一小個洞，將幫浦管線的前端由此小洞插入，沿著脖子一路向下會接到胸腔三角骨左右的位子處，將表皮與肉接觸的「膜」穿破，打入空氣(將皮與肉分離以造成脆皮口感)，當空氣打入時，會看到表皮毛細孔擴張，整隻鴨膨脹；
2. 將少許醃料均勻撒在整隻鴨的腹腔中；
3. 將少許生醬均勻塗抹在整隻鴨的腹腔中；
4. 使用鐵針將腹腔縫起來(來回S型)；
5. 鴨真空密封後，放入64℃的熱水中，加熱8小時。取出迅速降溫，冷卻後備用；
6. 食用的前一天，將鴨從真空袋中取出。澆淋熱水，將鴨表面油脂沖除後，直接放入冰箱，風乾一晚；
7. 風乾過程以鴨皮水刷其表面(1~2次)；
8. 上桌前，將鴨直接從冰箱中取出，放入275℃烤箱中，烘烤15分鐘；
9. 出餐前再以熱油澆淋表皮至金黃酥脆。

醃料
所有材料拌勻。

生醬
所有材料拌勻。

鴨皮水
所有材料拌勻。

焦糖烤布蕾

食材

烤布蕾

動物性鮮奶油	90毫升
鮮奶	90毫升
蛋黃	3顆
糖	35克
香草豆莢	半支

裝飾

藍莓	5顆
覆盆莓	5顆
檸檬皮絲	少許
砂糖	適量

做法

烤布蕾

1. 將鮮奶油、鮮奶、香草豆莢、一半的糖，至於鍋中加熱到滾；
2. 將另一半的糖加入蛋黃，立刻以打蛋器拌勻，直到糖溶解、蛋黃略呈白色；
3. 以調溫的方式將熱牛奶與蛋黃混合；
4. 將混合液倒入模型中，放入85℃的萬能蒸烤箱，**蒸30分鐘**；
5. 取出冷卻後，放入冰箱冷藏；
6. 上桌前，均勻撒上砂糖，以噴火槍燒成焦黃色，再放上裝飾水果即可。

裝飾

水果洗淨備用。

菜餚示範　黃國維 主廚

第十四章　真空烹調之運用——海鮮

第一節 海鮮類肌肉蛋白質之特性

魚類等水生動物，生活於水中，憑藉著水的浮力，肌肉組織並不需要抵抗太多的地心引力，因此肌肉中的**結締組織較弱**，肉質往往較陸生動物細緻許多，同時魚類等海鮮多生活於冰冷的水中，肌肉蛋白質對熱相較之下比陸生動物敏感，因此將真空烹調技術運用於魚類等海鮮時，與陸生動物有相當的差異。

魚類等海鮮的種類繁多，生活環境差異大，其肉質特性也會有所不同。真空烹調技術的運用自然會有所差異。本章節無法一一含蓋，僅能夠針對一些代表性魚類加以說明真空烹調技術可能的運用。

海鮮類蛋白質之特性

傳統的烹調法都會強調魚類等**海鮮的肉質細緻**，烹煮時火候的拿捏特別困難，很容易會有不夠熟或是烹煮過頭的問題，這是因為其蛋白質：

■ 對熱較敏感

魚類等海鮮**蛋白質變性**、**凝結**的溫度約比陸生動物的蛋白質低約5～10℃。因此以真空烹調加熱烹煮魚肉等海鮮時，所用的溫度往往會比肉類的溫度低5～10℃。這也就是說，中心溫度達60℃的魚肉，至少有五分熟，65℃幾乎就是全熟。

■ 結締組織較弱

海鮮的肉質細緻，不耐久煮，久煮後除了會讓魚肉散開外，也會讓魚肉吃起來乾澀。

為了要讓魚類海鮮能有較佳的口感，通常只能採較低的加熱溫度，時間也不能太長，因此經常無法達到巴斯特殺菌的最低要求。然而美國農業部要求，魚的**中心溫度至少要達到62.8℃**，才不會有安全上的疑慮。

安全衛生的考量

　　基本上，以真空烹調方式烹煮魚類等海鮮，經常是採**低溫、短時間**的方式加熱烹煮，往往無法達到6.5-log^{10}巴斯特殺菌的標準。雖然如此，但經過真空烹調的魚肉，還是可以讓生菌數下降。

　　鮭魚以真空烹調法，放入53℃的熱水中烹煮20分鐘，生菌數由超過4百萬，降至2百萬，當然食用這樣的魚肉還是有一定程度的風險，不過這類的菜餚若有經**高溫上色**的步驟，又可大幅降低菌數，同時也能降低引發食物中毒的風險。

　　但畢竟未達衛生法規的殺菌標準，就應被視為如同生魚片般，這類的菜餚**要避免**以加熱烹煮→冷卻備用→上桌前復熱的這種真空烹調的操作模式。加拿大衛生單位建議可以在菜單上或服務生口頭告知消費者食用這類菜餚潛在風險的訊息。

　　餐飲業者也可藉由下列的方式來降低食物中毒的風險：

■購買安全性較高的魚
　海水魚比淡水魚安全，高價位的魚安全性高於低價位的魚。

■清洗及分切魚時要仔細的檢視，大部份的寄生蟲都可以肉眼看出。

■使用生魚片等級的魚，因為這類的魚處理前有經檢視過。

■歐洲食品安全單位要求，魚類的烹煮無法達到巴斯特殺菌的標準，魚必須要先經冷凍處理，其目的是要殺死其中的寄生蟲。
　－15℃至少96小時，－24℃至少25小時，－35℃至少15小時。

■真空烹調的魚類等海鮮，低於55℃的加熱時間不可超過4小時。
　若食物置於55℃以下，若時間超過4小時就應該要丟棄。

　　除了鮮度要夠外，未達巴斯特殺菌的魚類等海鮮，要把握**4小時的衛生原則**。也就是從製備到烹煮完成上桌食用，整個過程暴露於危險溫度的時間以不超過4小時為原則，以便能將食物中毒的風險降至最低。

第二節 海鮮類真空烹調的基本步驟

　　魚類等海鮮肉質細緻，不耐高溫，也不耐久煮，加熱烹煮的時間經常不超過30分鐘，因此只**適合客人點餐後，才開始放入熱水中加熱烹煮**的操作方式。

海鮮類真空烹調的基本步驟

1. 選用食材，並將機器設定所欲達到的中心溫度；
2. 加入適當的油脂、香味食材等，抽真空密封：
   魚骨、魚鰭等尖銳的部份，必須切除或包覆，以免刺破包裝袋
   魚的肉質細緻，不宜過度抽真空；
3. 加熱直到食物中心達到所設定的溫度；
4. 完成菜餚的料理，並上桌食用。

鮭魚加熱（20分鐘）的溫度及其所呈現的熟度

48℃

魚肉呈亮橘紅色，柔嫩多汁、入口即化，三分熟的鮭魚。

55℃

橘紅色亮度較差、乳白較明顯。柔嫩入口即化，開始出現少許乾澀的口感。

52℃

魚肉呈亮橘紅色略帶乳白，柔嫩多汁、入口即化，為四分熟的鮭魚。

60℃

魚肉明顯泛白，5～7分熟的鮭魚。溫度愈高，入口即化的特殊口感逐漸消失，乾澀的口感愈鮮明。

第三節 海鮮類真空烹調注意事項

魚類海鮮的蛋白質相當細緻且敏感，以傳統烹調法料理時，是對廚師廚藝的考驗；相較之下，真空烹調可以讓魚類的烹調變得簡單且穩定，真空烹調可以呈現出魚肉的天然美味，因此真空烹調所用的魚**鮮度**一定要夠，而且從運送到製備，**全程都必須以低溫來保鮮**，操作上必須注意：

蛋白質分解酵素非常的活躍

魚類等海鮮的肌肉組織中，蛋白質分解酵素非常活躍，這是因為陸生動物的肌肉，主要是做為結構及支撐之用，正常狀況下是不會被用來分解提供能量，只有在長時間飢餓等極端的情況下才會被分解，用來提供能量之用。但魚類等海鮮的肌肉組織，經常會被快速的分解，來產生能量供魚類的游動、獵食等活動，因此魚類海鮮肌肉中的之酵素比較活躍，這有時會讓魚類等海鮮，經低溫長時間的加熱，肉質變得異常的柔軟。

最典型的例子就是真空烹調的鮭魚，具入口即化的口感，為許多西方的饕客所驚豔；但以真空烹調法所烹煮的龍蝦口感軟嫩，對喜好彈牙肉質的台灣人而言，軟嫩的肉質未必會討喜。

現點現做

魚類等海鮮的加熱烹煮時間通常只需12～25分鐘即可。對肉質細緻的魚類而言，加熱烹煮的時間超過25分鐘，便可以嚐出魚肉的口感略帶乾澀。當然加熱時間愈長，這種乾澀口感愈明顯。

真空烹調的魚經冷卻再復熱，品質會明顯變差，因此操作上只適合現點現做，最好也是一人份的包裝為佳，客人點餐後才放入熱水中加熱。

白蛋白(albumin)滲出

有些魚類(例如鮭魚)，在烹調過程中容易會有白蛋白滲出，加熱後會在魚肉的表面留下白色的凝結物，雖然對魚肉的口感或風味不會有影響，但會影響菜餚的外觀，因此有些廚師會將鮭魚以低於48℃的溫度加熱，魚肉表面就不會有白蛋白凝結的問題，但若要將鮭魚煮至較高的熟度，可藉由下列的方法將白蛋白凝結的情形降至最低：

■ 浸泡10%的鹽水約10～15分鐘，沖洗後以紙巾擦乾。
■ 縮短抽真空的時間，白蛋白的滲出情形可降至最低。

第四節 其他海鮮類真空烹調的技巧

　　龍蝦、章魚、透抽等類型的海鮮，傳統的料理方式是以**高溫的油脂**或**液體**來加熱烹調，如此一來會讓肉質有變硬的情形，真空烹調的低溫足以讓這些海鮮完全的熟透，但仍可保有柔嫩的質地。

　　甲殼類海鮮富含胺基酸、胜肽、蛋白質等，同時含有超過6,000種以上具揮發性的風味物質，讓這類的海鮮風味佳且具鮮甜味。

　　這些微小物質在高溫下，會生成特殊的香味物質，產生特殊的濃郁香氣，煎或烤生鮮的干貝，可聞到濃烈的干貝香氣。

　　長時間的低溫加熱也會讓這些微小分子產生化學反應，而低溫無法生成梅納反應的香氣，讓這些鮮甜的成份減少許多。所以以真空烹調法烹煮的干貝，口感柔嫩，但最終高溫處理時，香味減弱許多，鮮甜味也淡許多，這類型的海鮮並不建議以真空烹調方式料理。而海鮮中，酵素通常比較活躍，長時間的低溫加熱，往往會讓其肉質軟爛，失去彈牙的口感，因此以真空烹調料理這類型的食材，必須要經測試，確認整體品質合乎期待。

香煎脆皮鮭魚

菜餚示範　周建華 老師

香煎脆皮鮭魚

食材

脆皮鮭魚
鮭魚	120克
奶油	20克
鹽、胡椒	適量

裝飾蔬菜
小胡蘿蔔	250克
奶油	25克

做法

脆皮鮭魚
1. 將鮭魚肉放入10%的鹽水中浸泡約15分鐘；
2. 取出後洗淨擦乾，以鹽、胡椒調味後，放入真空包裝袋中並加一塊奶油，抽真空；
3. 放入**55°C**的熱水中，**煮約15分鐘**；
4. 取出剪開袋子小心的將魚肉取出；
5. 不沾的煎鍋中加入少許的橄欖油，在魚皮上灑上些許的鹽，鍋熱後放入鮭魚，魚皮面下鍋（只煎魚皮面），中火煎約20秒，或魚皮略微定型；
6. 盛盤上桌；
7. 若要讓魚肉也有焦香味，將魚肉擦乾、沾薄粉，熱鍋大火煎上色即可。

裝飾蔬菜
紅蘿蔔去皮，調味放入真空袋並加入奶油，抽真空，以**85°C**烹調**30分鐘**，取出後放涼備用。

日式味噌海鱺魚排

菜餚示範　黃國維 主廚

日式味噌海鱷魚排

食材

海鱷魚排

海鱷魚排	6片

味噌醃醬

味酥	60毫升
麥芽糖	3大匙
白味噌	3大匙
清酒	20毫升

茭白筍

茭白筍	6支

做法

海鱷魚排

1. 將海鱷魚排放入真空袋中，加入足夠醃過鱷魚排的味噌醃醬，抽真空；
2. 魚排放入58℃的熱水中，**加熱30分鐘**；
3. 將包裝袋剪開，以小火將汁液濃縮，並刷於魚排上；
4. 以噴火槍將表面均勻的上色並賦予焦香味；
5. 盛盤即可上桌。

味噌醃醬

1. 味酥、麥芽糖及味噌放進醬汁鍋中，加熱、攪拌至溶化並沸騰；
2. 離火後加入清酒拌勻，即完成日式味噌醃醬，冷卻後備用。

茭白筍

1. 茭白筍洗淨，去除不能食用的外皮；
2. 放入真空袋，用84℃蒸烤箱蒸熟，約30分鐘，冷卻後備用；
3. 出菜前以噴火槍將表面均勻的上色並賦予焦香味。

清蒸鱸魚

菜餚示範　黃國維 主廚

清蒸鱸魚

食材

鱸魚菲力

鱸魚菲力	2片
醬油	30毫升
味醂	30毫升
香油	30毫升

醬汁

破布子	150克
清酒	60毫升
薑片	6片
蔥段(蔥白)	1支
鹽	適量

辛香料絲

蔥	2支
薑	1片
辣椒	3支

做法

鱸魚菲力

1. 鱸魚菲力放置於真空袋中，並加入醬汁，抽真空密封；
2. 放置於60℃的熱水中**加熱25分鐘**；
3. 將魚從包裝袋中取出，將煮魚的液體過濾後，加熱濃縮，加入醬油、味醂，盛於盤底；
4. 魚肉放置於盤中並放上辛香料絲；
5. 燒熱香油，澆淋於辛香料絲上。

醬汁

所有材料混和均勻備用。

辛香料絲

蔥、薑切成絲，辣椒去籽切成絲。

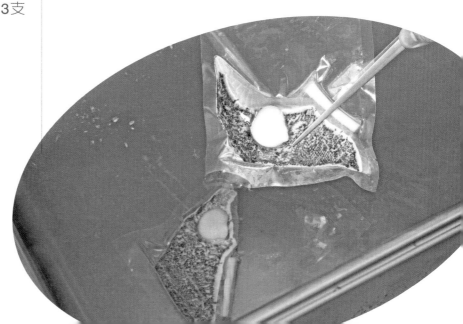

奶油龍蝦

菜餚示範　黃國維 主廚

奶油龍蝦

食材

奶油龍蝦

新鮮龍蝦	1隻
融化奶油	1條

蒜苗

蒜苗	2株
橄欖油	1小匙
鹽及胡椒	少許

香煎洋菇

洋菇	6粒
紅蔥頭	1/2小匙
蒜頭碎	1/2小匙
巴西利	1/2小匙

龍蝦高湯泡沫

龍蝦頭	1顆
調味蔬菜	60克
番茄糊	1小匙
番茄丁	1大匙
白酒	2大匙
魚高湯	1杯
鮮奶油	60毫升

做法

奶油龍蝦

1. 新鮮龍蝦，去頭，龍蝦身體汆燙4分鐘，蝦螯汆燙6分鐘，冰鎮去殼備用；
2. 融化奶油浸泡於60℃的熱水中。將龍蝦放入奶油中，約加熱30分鐘；
3. 取出後煎上色即可上桌。

蒜苗

1. 蒜苗去除外層粗纖維部份，洗乾淨，調味放入真空袋並加入橄欖油，以85℃烹調20分鐘；
2. 取出後吸乾水份，以奶油煎上色。

香煎洋菇

1. 洋菇切半，煎上色後加入奶油來提升香味；
2. 加入紅蔥頭碎、蒜頭碎及巴西利碎，調味即可。

龍蝦高湯泡沫

1. 龍蝦頭切小塊煎上色，加入調味蔬菜，炒上色，以白蘭地去渣；
2. 加入番茄糊及番茄丁，加入白酒及魚高湯；
3. 煮約40分鐘後，過濾，加入鮮奶油；
4. 以hand blender打成泡沫。

第十五章　真空烹調之運用──蔬菜

蔬果富含維生素、礦物質等，食用足夠的蔬果有助於降低部份的癌症、糖尿病、心血管等慢性病之風險。蔬菜和水果在質地、顏色、風味上非常的多樣化，讓我們日常的飲食變得多采多姿。

蔬菜於烹煮的過程中，除了質地的改變外，還產生許多的變化，包括所含的植物色素、香味成份、營養成份等。這些變化除了可增進蔬菜的適口性外，同時也有助於人體的消化吸收。但蔬菜部份的營養成份也會在烹煮的過程中被破壞或流失。真空烹調**隔離氧氣**、加熱**溫度低**、**汁液流失量少**，不論是在外觀、口感及營養成份的保留上都有助益。

▲ **蔬果的顏色、風味多樣化，讓我們日常的飲食變得多采多姿**

蔬菜vs.肉類

蔬菜的烹調與肉類、蛋等動物性的食材比起來單純許多。肉類富含對熱相當敏感的蛋白質，只要溫度達60℃以上，其變性就非常的明顯，溫度達到70℃以上，就足以導致其過度的變性，造成大量水份的流失，讓肉質變得乾澀，同時肉類的烹調上，只要中心溫度差幾度，烹煮出來的口感或熟度會有顯著的差異。

蔬果的主要成份為對熱較穩定的碳水化合物，蔬菜中的纖維，為植物的主要結構性成份，纖維這類的碳水化合物，受熱後會軟化，讓蔬菜呈脫水現象，體積因而會縮小，通常這現象只要達85℃以上就會發生，溫度愈高，只是讓加熱時間縮短，對品質幾乎沒有影響。

而根莖類蔬菜除了纖維外，富含另一類稱為澱粉的碳水化合物。澱粉顆粒受熱後會吸收水膨大，讓植物組織變得膨鬆，讓蔬菜呈現出鬆軟的口感。澱粉的糊化溫度在65℃以上，而溫度愈高澱粉的糊化速度愈快。

第一節 真空烹調可保存更多的營養素

　　蔬菜富含維生素、礦物質等成份，不論是蒸、燙、煮、微波等傳統的烹調方式，皆會因高溫而造成營養成份的流失，這是因為蔬菜加熱至88～92℃，植物的細胞壁會破壞，受損的植物細胞壁會造成植物細胞中的大量汁液流失，其中的營養成份也會隨之流失。

　　因此以真空烹調法來烹煮蔬菜，所用的加熱溫度通常不會超過85℃，大部份的植物細胞壁不會受到破壞，然而將細胞壁與細胞壁黏合在一起的果膠(pectin)及半纖維素(hemicellulose)，約在82～85℃之間水解溶化，讓植物的整個組織得以軟化。

　　而真空烹調不會讓蔬菜直接與水等液體接觸，並且隔離了氧氣，加上植物細胞壁幾乎沒有被破壞，因此汁液的流失量少，大部份的營養成份因而可以被完整的保留下來。

▲ 真空烹調隔離了水與空氣，保留大部份的營養素

第二節 真空烹調於蔬果上之注意事項

　　真空烹調蔬菜常見的加熱溫度是介於81～84℃之間，這溫度會讓植物的細胞壁變弱，軟化蔬菜的質地，通常需要30～90分鐘才能讓蔬菜完全熟透。但若要讓蔬菜能夠保有好的顏色及口感，15～20分鐘的加熱時間通常就已經足夠。實際的操作上，蔬菜通常不需完全熟透，因為廚師可於上菜前再以傳統的烹調方式復熱，並完成最終的調味，如此蔬菜才不會過熟。

　　根莖類蔬菜以真空烹調方式烹調，不論是在質地、風味及顏色，皆能有不錯的效果，例如馬鈴薯可以完全均勻的烹煮至熟透，烹煮後的胡蘿蔔可以保有其鮮豔的橙紅色，一些質地較軟的蔬菜也非常適合以真空烹調方式來烹調，如洋蔥可以完全的軟化熟透而不會煮過頭，也不會有糊掉的問題。其他的非綠色蔬菜也都可以很有效率的以真空烹調方式來烹調。

　　綠色蔬菜中的葉綠素，在**酸性**的環境下很快的就會失去鮮綠的色澤，而呈橄欖綠。因此，傳統上燙煮綠色蔬菜通常不會蓋上鍋蓋，同時保持在沸騰的狀態，讓蔬菜釋出的酸性物質，可以很快的隨水蒸氣蒸散。若是以真空烹調法來烹煮綠色蔬菜，因為密封於包裝袋中，蔬菜所釋出的酸性成份會堆積於包裝袋中。因此以真空烹調方式烹煮綠色蔬菜，煮至所要的熟度就應即刻取出，並以**冰塊水迅速降溫**，才不會導致綠色蔬菜從鮮綠色變成橄欖綠。

　　以真空烹調法烹煮蔬菜，通常是可以直接取代傳統上蔬菜製備時**燙煮**的步驟，不論是風味、營養、顏色等，損耗皆可降至最低。因此蔬菜真空密封時通常只需以鹽、胡椒等簡單調味即可，煮至所要的熟度後，直接降溫、冷藏後備用。出菜前取出，完成最後的烹調與調味。

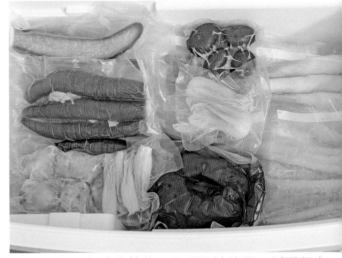

▲ 真空烹調完成的蔬菜，必須迅速降溫，低溫保存

炒菠菜

食材

菠菜	500克
橄欖油	1大匙
鹽和胡椒	適量

做法

1. 菠菜清洗後，濾乾、摘下葉子；
2. 將菠菜、橄欖油、鹽、胡椒混合均勻，放入真空包裝袋中，抽真空密封；
3. 放置冷藏至少30分鐘；
4. 出菜前，直接將菠菜倒入到預熱的鍋中，快速炒熱即可。

菜餚示範　周建華 老師

糖漬胡蘿蔔

食材

小胡蘿蔔	120克
奶油	15克
糖	30克
鹽及白胡椒	適量

做法

1. 將小胡蘿蔔、奶油、糖、鹽及白胡椒混合均勻，放入真空包裝袋中，抽真空密封；

2. 放入84℃蒸烤箱，蒸45分鐘，冷卻後放冰箱中備用；

3. 出餐前取出，剪開袋子後直接倒入鍋中，復熱並濃縮。

菜餚示範　黃國維 主廚

糖漬甜菜根

食材

甜菜根	1 顆
奶油	15克
糖	30克
水	20毫升
鹽及白胡椒	適量

做法

1. 將甜菜根挖球，放入真空包裝袋中，抽真空密封；放入**84℃蒸烤箱，蒸45分鐘**，冷卻後置放冰箱中，備用；

2. 出餐前取出。先將奶油、糖、水倒入鍋中加熱，略濃稠後，剪開袋子將甜菜根倒入，復熱並濃縮。

菜餚示範　黃國維 主廚

蘋果杏仁派佐香草醬汁

菜餚示範　周建華 老師

蘋果杏仁派佐香草醬汁

食材

蘋果杏仁派

蘋果	3顆
糖	20克
檸檬	1/2顆
糖粉	適量
澄清奶油	適量
薄荷	1支

香草醬

牛奶	100毫升
鮮奶油	100毫升
糖	30克
蛋黃	1顆
香草豆莢	1/2支

派皮

Fillo皮	10片
澄清奶油	適量
杏仁粉	適量

杏仁餡

全蛋	3顆
奶油	180克
麵粉	35克
糖粉	120克
杏仁粉	200克
鮮奶油	50毫升

做法

蘋果杏仁派

1. 蘋果去皮對半切，放入真空包裝袋，加入糖、檸檬汁，抽真空密封；
2. 放入88℃的蒸烤箱中，蒸煮**30分鐘**，取出後迅速冷卻；
3. 取一派皮，塗上杏仁餡；
4. 蘋果去核後切成厚片狀，排放於派皮上；
5. 表面刷上澄清奶油，灑上糖粉；
6. 以160℃烤箱，烤15分鐘；
7. 取出，灑上糖粉並以噴火槍將表面上色；
8. 盛盤，佐上香草醬汁即完成。

香草醬

1. 將牛奶、鮮奶油、糖、蛋黃，放入果汁機中以低速攪打均勻；
2. 倒入真空包裝袋中，加入香草豆莢；
3. 真空包裝時，須調整層板厚度，確認液面高度低於封口處；
4. 放入84℃的熱水循環機中，烹煮25分鐘；
5. 放置冰塊水中急速冷卻。

派皮

1. 將Fillo皮鋪在檯面上，刷上澄清奶油、灑上杏仁粉；
2. 再鋪上一層Fillo皮，壓一下使其黏合；
3. 重複以上動作10次即可完成派皮；
4. 將派皮修邊後，分切成適當大小，備用。

杏仁餡

1. 先將奶油打軟，加入糖粉拌勻；
2. 依序將麵粉、杏仁粉、全蛋拌勻；
3. 加入鮮奶油，拌勻即可。

Fondant馬鈴薯

食材

馬鈴薯	300克
奶油	30克
鹽及白胡椒	適量
澄清奶油	1大匙

做法

1. 馬鈴薯切半，修整成半橄欖型；
2. 放入真空包裝袋中，加入奶油、鹽、胡椒，真空密封後，放入85℃的熱水中煮約40分鐘；
3. 取出後迅速降溫、冷藏；
4. 上桌前，以澄清奶油煎上色。

菜餚示範　黃國維 主廚

參考文獻

AjandouzE. H., & Puigserver, A. (1999). Nonenzymatic browning reaction of essential amino acids: effect of pH on caramelization and Maillard reaction kinetics. *Journal of Agricultural and Food Chemistry,* 47(5), 1786-1793.

Ames, J. M., Guy, R. C. E. and Kipping, G. J. (2001) Effect of pH and temperature on the formation of volatile compounds in cysteine/reducing sugar/starch mixtures during extrusion cooking. *Journal of Agriculture and Food Chemistry*, 49, 1885-1894.

Aristoy, M. C., & Toldra, F. (1995) Isolation of flavor peptides from raw pork meat and dry-cured ham. *Developments in Food Science*, 37, 1323-1344.

Armstrong, G.A.(2000). Sous Vide Products. In Kilcast, D. & Subramaniam, P. (2000), *The stability and shelf-life of food* (171-196). Woodhead Publishing

Ashgar, A., & Pearson, A. M. (1980). Influence of ante- and postmorterm treatment upon muscle composition and meat quality. *Advanced in Food Research*, 26, 55-77.

Ba, H.V., Hwang, I., Jeong, D. and Touseef, A. (2012). *Principle of Meat Aroma Flavors and Future Prospect.* Retrieved
From http://www.intechopen.com/books/latest-research-into-quality-control/ principle-of-meat-aroma-flavors-and-future-prospect

Bailey, M. E. (1994). Maillard reactions and meat flavour development. In Shahidi, F. Editor (1994), *Flavor of Meat and Meat Products* (pp. 153-173). Springer US.

Brown, A. (2014). *Understanding food: Principles and preparation.* Wadsworth Publishing.

Borch, E., Kant-Muermans, M., & Blixt, Y. (1996). Bacterial spoilage of Meat and Cured Products. *International Journal of Food Microbiology.* 33(1), 103-120.

Carlin, F. (1999). Microbiology of sous-vide products. *Institut National de la Recherche Agronomique*, Unité de Technologie des Produits Végétaux, Avignon, France

Cerny, C., & Briffod, M. (2007). Effect of pH on the Maillard Reaction of [13C5] Xylose, Cysteine and Thiamin. *Journal of Agriculture and Food Chemistry.* 55, 1552-1556.

Christensen, L., Gunvig, A., Torngren, M. A., Aaslyng, M. D., Knochel, S., & Christensen, M. (2012). Sensory Characteristics of Meat Cooked for Prolonged Times at Low Temperature. *Meat Science*: 90, 485-489.

Culinary Institute of America. (2011). *The New Professional Chef*. New York: John Wiley & Sons.

Cox, N. A., Berrang, M. E., & Cason, J. A. (2000). Salmonella Penetration of Egg Shells and Proliferation in Broiler Hatching Eggs—A Review. *USDA, Agricultural Research Service-Russell Research Center*, Athens, Georgia. Retrieved From http://ps.oxfordjournals.org/content/79/11/1571.full.pdf+html

Dodgshun, G., Peters, M., & ODea. D. (2011)., In Dodshun, G., Peters, M. & O'Dea, D. (eds.). *Cookery for the hospitality industry* (p764). New York: Cambridge University Press.

US Department of Health and Human Services. (2011). *Fish and Fishery Products Hazards and Controls Guidance: Technical Report* (4th ed.). Washington, DC: U.S. Government Printing Office.

Fjelkner-Modig, S. (1986). Sensory properties of pork, as influenced by cooking temperature and breed. *Journal of Food Quality*, 9, 89–105.

Food Safety and Inspection Service(2012). Salmonella Compliance Guidelines for Small Meat and Poultry Establishments that Produce Reaeady-to-Eat (RTE) Products. USDA. Retrieved From http://www.fsis.usda.gov/wps/wcm/connect/2ed353b4-7a3a-4f31-80d8-20262c1950c8/Salmonella_Comp_Guide_091912.pdf?MOD=AJPERES

Garcia-Segovia, P., Andres-Bello, A., & Martínez-Monzó, J.(2007) Effect of Cooking Method on mechanical properties, color and structure of beef muscle. *Journal of Food Engineering*, 80, 813-821.

Goñi, S. M. & Salvadori, V.O. (2010). Prediction of cooking times and weight losses during meat roasting. *Journal of Food Engineering*. 100, 1-11.

Graham, A. F., Mason, D. R., & Peck, M. W. (1996). Predictive model of the effect of temperature, pH and sodium chloride on growth from spores non-proteolytic Clostridium botulinum. *International Journal of Food Microbiology*, 31, 69-85.

Gould, G.W. (1996). Methods for Preservation and extension of Shelf Life. *International Journal of Food Microbiology*, 33, 51-64.

Hui, Y.H., Nip, W., Rogers, R. W., & Young, O. A. (2001). Meat science and applications. New York: Marcel Dekker, INC.

Ishiwatari, N. Fukuoka, M., Hamada-Sato, N. & Sakai, N. (2013). Decomposition kinetics of umami component during meat cooking. *Journal of Food Engineering*, 119, 324-331.

James, B.J. & Yang, S.W., (2012) Effect of Cooking Method on the toughness of Bovine M. Semitendinosus. *International Journal of Food Engineering*, 112, 24-35.

Jeremiah, L .E. & Gibson, L. L. (2003) The effects of postmortem product handling and aging time on beef palatability. *Food Research International*, 36, 929-941 Retrieved From http://www.sciencedirect.com/science/article/pii/S0963996903001029

Jung, S., Ghoul, M. & Lamballerie-Anton, M. de. (2000). Changes in lysosomal enzyme activities and shear values of high pressure treated meat during ageing. *Meat Science*, 56, 239-246.

Juneja, V. K. & Snyder, O. P. (2007). Sous Vide and Cook-Chill Processing of Foods: Concept Development and Microbiological Safety, in Advances. In Tewari, G. & Juneja, V. K. (Eds.), Thermal and Non-Thermal Food Preservation (ch8). Ames, Iowa: Blackwell Publishing.

Kaur, L., Singh, N., Singh Sodhi, N., Singh Gujral, H., 2002. Some properties of potatoes and their starches I. Cooking, textural and rheological properties of potatoes. *Food Chemistry*, 79, 177–181.

Kondjoyan, A., Kohler, A., Realini, C. E., Portanguen, S., Kowalski, R., Clerjon, S., Gatellier, P., Chevolleau, S., Bonny, J.,& Debrauwer, L. (2014). Towards models for the prediction of beef meat quality during cooking, *Meat Science*, 97, 323-331.

Koohmaraie, M. (1996). Biochemical factors regulating the toughening and tenderization processes of meat. *Meat Science*, 43, 193-201.

Laakkonen, E., Sherbon, J.W., & Wellington, G.H.(1970). Low Temperature, long-time heating of bovine muscle. *Journal of Food Science*, 35, 175-181.

Lawrie, R. A. (2006). Lawrie's meat science, 7th ed. Cambridge, England : Woodhead Pub.

Locker, R. H., Daines, G. J., Carse, W. A., & Leet, N. G. (1977). Meat tenderness and the gap filaments. *Meat science*, 1, 87–104.

Lorca T. A, Pierson, M. D., Claus, J. R., Eifert, J. D., Marcy, J. E., & Sumner, S. S. (2002). Penetration of Surface-Inoculated Bacteria as a Result of Hydrodynamic Shock Wave Treatment of Beef Steaks. *Journal of Food Protection*, 65(4):616-620.

Nyati, H. (2000). An evaluation of the effect of storage and processing temperatures on the microbiological status of sous vide extended shelf-life products. *Food Control 11* ,11(6) 471-476.

Maltin, C., Balcerzak, D., Tilley, R., & Delday, M. (2003). Determinants of meat quality: tenderness. *Proceedings of the Nutrition Society*, 62(02), 337-347.

Martens, H., Stabursvik, E., & Martens, M., (1982). Texture and Color Changes in Meat During Coking Related to Thermal Denaturation Texture in Six Bovine Muscles Proteins. *Journal of Texture Studies*, 13, 291~309.

Mottram, D. S. (2007). The Maillard reaction: source of flavour in thermally processed foods. In Berger, R.G. (ed.), *Flavours and Fragrances* (269-283). Springer-Verlag Berlin Heidelberg.

Mottram, D. S. (1998). Flavour formation in meat and meat products: a review. *Food chemistry*, 62(4), 415-424.

Mortensen, L. M., Frost, M. B., Skibsted, L. H. & Risbo, J. (2012). Effect of Time and Temperature on Sensory Properties in Low-Temperature long-Time Sous-Vide Cooking of Beef. *Journal of Culinary Science and Technology*, 10(1), 75-90

Myhrvold, N., Young, C., & Bilet, M. (2011). *Modernist Cuisine: The Art and Science of Cooking*. UK: Phaidon Press Limited.

NSW Food Authority. (2012). *Sous vide-Food safety precautions for restaurants*. NSW Food Authority. Newington, AU.

Ofstad, R., Kidman, S., & Hermansson, A. M. (1993). Liquid holding capacity and structural changes during heating of fish muscle: cod (Gadus Morhua L.) and salmon (Salmo salar)muscle. *Food Structure*, 12, 163-174.

del Pulgar, J. S., Gázquez, A., & Ruiz-Carrascal, J. (2012). Physico-chemical, textural and structural characteristics of sous-vide cooked pork cheeks as affected by vacuum, cooking temperature, and cooking time. *Meat science*, 90(3), 828-835.

Perry, N. (2012). Dry aging beef. *International Journal of Gastronomy and Food Science*, 1(1), 78-80.

Reeve, R.M., (1972). Pectin and starch in preheating firming and final texture of potato products. *Journal of Agricultural and Food Chemistry*, 20, 1282–1296.

Rybka-Rodgers, S. (2001). Improvement of Food Safety Design of Cook-chill Foods. *Food Research International*, 34, 449-455.

Martins, S. I., Jongen, W. M., & Van Boekel, M. A. (2000). A review of Maillard reaction in food and implications to kinetic modelling. *Trends in Food Science & Technology*, 11(9), 364-373.

Schellekens, M. (1996). New research issues in sous-vide cooking. *Trends in Food Science and Technology*, 7(8), 256-262.

Seibel, B. A., & Walsh, P. J. (2002). Trimethylamine oxide accumulation in marine animals: relationship to acylglycerol storage. *Journal of Experimental Biology*, 205(3), 297-306.

Sims, T. J. & Bailey, A. J., (1992) Structural aspects of cooked meat. In Ledward, D. A., Johnson, D. E., & Knight. M. K. (eds.), *Chemistry of Muscle-based Foods* (104-127). London: Royal Society of Chemistry.

Storebakken, T., & No, H. K. (1992). Pigmentation of rainbow trout. *Aquaculture*, 100(1), 209-229.

Synder, O. P. (1995). The Application of HACCP for MAP and Sous Vide Products. In: Farber, J. M., & Dodds, K. L.(eds.), Principles of Modified-Atmosphere and Sous Vide Product Packaging (325-383). Lancaster, PA: Technomic Publishing Co. Inc.

Toldra, F. (1998). Proteolysis and lipolysis in flavour development of dry-cured meat products. *Meat Science*, 49, 101-110.

Toldra, F. (2006). The role of muscle enzymes in dry-cured meat products with different drying conditions. *Trends in Food Science & Technology*, 17(4), 164-168.

Yancey, E. J., Grobbel, J. P., Dikeman, M. E., Smith, J. S., Hachmeister, K. A.,& Chambers, E. C. (2006). Effects of total iron, myoglobin, hemoglobin, and lipid oxidation of uncooked muscles on livery flavor development and volatiles of cooked beef steaks. *Meat Science*, 73, 680-686

Young, O. A. and Gregory, N. G.(2001). Carcass Processing: Factors Affecting Quality. In Hui, Y. H., Nip, W. & Rogers, R. (2001).
Meat Science and Applications (275-295), New York: Marcel Dekker, ING.

政院衛生署(2010)公告「真空包裝食品良好衛生規範」、「市售真空包裝食品標示相關規定」http://www.ieatpe.org.tw/NBOARD/view.asp?ID=2141

國家圖書館出版品預行編目資料

真空烹調——理論實務與案例／程玉潔著.
-- 二版. -- 高雄市：國立高雄餐旅大學,
2020.11
　　面；　公分
　　ISBN 978-986-99592-1-6 (平裝)

1.烹飪　2.食譜

427　　　　　　　　　　109015032

1LA7 餐旅系列

眞空烹調
理論實務與案例

作　　　者 — 程玉潔

出 版 者 — 國立高雄餐旅大學（NKUHT Press）

發 行 人 — 楊榮川

總 經 理 — 楊士清

總 編 輯 — 楊秀麗

副總編輯 — 黃惠娟

責任編輯 — 高雅婷

封面設計 — 王麗娟

出版／發行 — 五南圖書出版股份有限公司

地　　　址：106台北市大安區和平東路二段339號4樓

電　　　話：(02)2705-5066　　傳　　　真：(02)2706-6100

網　　　址：https://www.wunan.com.tw

電子郵件：wunan@wunan.com.tw

劃撥帳號：01068953

戶　　　名：五南圖書出版股份有限公司

法律顧問　林勝安律師事務所　林勝安律師

出版日期　2016年10月初版一刷
　　　　　2020年11月二版一刷

定　　　價　新臺幣500元

GPN：1010501600

本書經「國立高雄餐旅大學教學發展中心」學術審查通過出版